高等职业教育"互联网+"新形态教材·人工智能技术应用专业

智能数据分析与应用

唐春玲　马庆祥　主　编

朱春旭　刘莹　李真　张遵富　副主编

电子工业出版社

Publishing House of Electronics Industry

北京·BEIJING

内 容 简 介

随着互联网技术的发展，在新经济的大时代背景下，各行各业都催生出众多的全新业态。伴随大数据、人工智能、区块链等技术的加持，这些业态划分也越来越精细，社会活动的整体效率也越来越高。然而，这一切都不开数据，特别是高质量的数据。

本书围绕智能数据分析与应用处理业务背景及相关技术，以学习情境的方式介绍了：数据分析工具 Beautiful Soup 与 XPath 和数据采集工具 Requests；根据数据规模大小和格式，可采用 Excel、Tabula 或 Kettle 进行数据处理；数据分析工具 NumPy、Pandas 和可视化工具 Matplotlib，通过 Matplotlib 进行数据可视化，使得 NumPy、Pandas 的处理结果更容易观察、识别。通过基于机器学习算法模型的推荐系统的构建过程，介绍了主流的数据分析框架 Spark；通过基于深度学习技术的人脸识别系统的构建过程，介绍了图像数据的采集、处理、分析，并应用到神经网络的整个过程，即从数据采集到应用的一个闭环过程。

本书理论分析相对较少，侧重于动手实践，适用于应用型本科、高职高专大数据专业学生和希望快速进入大数据、机器学习、人工智能领域的读者。

图书在版编目（CIP）数据

智能数据分析与应用 / 唐春玲，马庆祥主编. —北京：电子工业出版社，2022.7
ISBN 978-7-121-43517-1

Ⅰ. ①智… Ⅱ. ①唐… ②马… Ⅲ. ①数据处理—教材 Ⅳ. ①TP274

中国版本图书馆 CIP 数据核字（2022）第 086745 号

责任编辑：贺志洪
印　　刷：涿州市般润文化传播有限公司
装　　订：涿州市般润文化传播有限公司
出版发行：电子工业出版社
　　　　　北京市海淀区万寿路 173 信箱　邮编：100036
开　　本：787×1092　1/16　印张：14.5　字数：371.2 千字
版　　次：2022 年 7 月第 1 版
印　　次：2024 年 7 月第 2 次印刷
定　　价：45.00 元

前　　言

本教材系重庆工商职业学院首批国家级职业教育教师教学创新团队联合四川华迪信息技术有限公司、四川川大智胜股份有限公司编写的基于工作过程系统化的人工智能技术应用专业"活页式""工作手册式"系列教材之一。

依托数字工场和省级"双师型"教师培养培训基地，由创新团队成员和企业工程师组成教材编写团队，目的是打造高素质"双师型"教师队伍，深化职业院校教师、教材、教法"三教"改革，探索产教融合、校企"双元"有效育人模式。教材编写初衷是为了使人工智能技术应用专业学生掌握人工智能数据分析核心技术，提高学生们的智能数据应用能力，为进入人工智能及相关领域工作或继续深造奠定基础。

教材体系

重庆工商职业学院联合企业共同开发了面向高等职业教育的"人工智能技术专业教材体系"，整套教材体系框架如下：

序号	教材名称	适应专业
1	Python 网络爬虫	大数据技术、人工智能技术应用专业
2	深度学习实践	人工智能技术应用专业
3	智能数据分析与应用	大数据技术、人工智能技术应用专业
4	智能感知技术应用实训	人工智能技术应用专业
5	智能识别系统实现实训	人工智能技术应用专业
6	计算机视觉技术与应用	人工智能技术应用专业

受众定位

本教材适用于应用型本科、高职高专人工智能技术应用专业及相关专业，也可作为人工智能技术开发人员自学和阅读教材。

教材特色

本教材参考高职专科人工智能技术应用专业教学标准，由教学经验丰富的一线教师和实践经验丰富的企业软件开发工程师共同编写而成，教材特点如下。

（1）基于 OBE 理念选取教材内容

编写团队以职业素养、编程规范为准则，以课程所需关键知识点和技能点为核心，从行业内知名企业四川川大智胜股份有限公司、四川华迪信息技术有限公司等校企合作单位提供的真实项目中选取适合教学的案例作为教材内容的基本载体。基于 OBE 理念，提高教育教学与岗位技能点的契合度，使学生在理论、技能等方面得到全面提升。

（2）以学习情景和典型工作环节为主线

以学习情景和典型工作环节为主线模式编写。每个项目首先进行学习情境描述，然后确定学习目标、能力目标和知识目标，最后划分若干个典型工作环节，融入全部知识点。

教材的典型工作任务对照高职专科人工智能技术应用专业教学标准的专业核心课程典型工作任务，相关知识点参考了智能数据分析与应用课程的主要教学内容，做到全覆盖。

（3）"活页式""工作手册式"系列教材的内容设计

编写团队通过问卷调查和师生座谈，了解教与学的需求，充分考虑教师的授课便利性和学生的学习习惯，确定了"活页式""工作手册式"的编写方式，让学生在使用中通过记录、反思等多种方式在理论、技能等方面得到全面提升。

（4）配套丰富教学资源，引入 1+X 职业技能等级证书技能点

在教材编写之初同步打造一体化配套教学资源，包括教案、课件等教学资源包，极大提升教材可读性，为学习者创造自主学习环境。教材知识点对应获取包括人工智能数据处理职业技能等级证书在内的多个职业技能等级证书应具备的技能点。

教材基本概况

教材主要围绕智能数据分析与应用业务背景及相关技术，分为 1 个导言和 7 个单元。

导言：介绍了课程性质与背景、工作任务、学习目标、课程核心内容、重点技术、学习方法等。通过导言，读者能对本课程有个基本的了解。单元 1：介绍了流行的数据分析工具 Beautiful Soup 与 XPath 语法，这两个工具主要用来对数据集进行提取；介绍了 Requests 库，该库主要用来进行大规模网络数据采集。单元 2：介绍了三种场景下的数据处理。比如在数据集较小的情况下，可以使用 Excel 处理数据；对于 Excel 处理不了的文档，比如 pdf，就可以使用 Tabula；如果想更自动化，抽取更复杂的数据，可以使用 Kettle。单元 3：本单元的内容相对来说专业性较强，主要介绍如何使用 NumPy 来进行数值数据分析。单元 4：介绍了 Pandas 应用。Pandas 是一个数据统计分析的框架。所有的数据整理好后，都可以使用 Pandas 观察数据集的描述性信息，用以分析数据质量。单元 5：介绍了 Matplotlib 和 Seaborn 可视化工具。通过该工具，可以直观看到数据集的具体情况，使得 NumPy、Pandas 的处理结果更容易观察、识别。单元 6：介绍了目前行业主流的数据分析框架之一 Spark。Spark 易于使用的调用方式、丰富的算子、已经实现了的大量机器学习算法，这些优势都是数据分析师对其优先选择的主要原因。学习本单元，读者可以了解到数据与数据处理在推荐系统中的应用。单元 7：介绍了人脸识别的开发过程。该过程本质上是对图像数据的采集、处理、分析，并应用到神经网络的整个过程。人脸识别是图像数据处理的常见应用，非常典型。通过本单元的学习，读者可以了解到从数据采集到应用的一个闭环过程。

编写团队

本书的编者是大数据专业骨干教师和在企业工作多年的工程师。骨干教师平均教龄 8

年，具有丰富的教学实践经验、大数据开发企业工作经验和指导学生竞赛经验，指导学生获得国际、国家级和省级竞赛奖项；企业工程师均有 10 年以上工作经验，5 年以上的人工智能、大数据开发企业工作经验。

本教材由唐春玲（重庆工商职业学院教授，全国职业院校技能大赛优秀指导教师，重庆市高等职业院校学生职业技能竞赛优秀指导教师，国家"双高计划"高水平专业群、首批国家级职业教育教师教学创新团队、国家骨干高职院校软件技术专业核心成员，重庆工商职业学院移动应用开发专业带头人，1+X 数据采集技术（中级）认证培训师，"一带一路"暨金砖国家技能发展与技术创新大赛之数据分析与可视化赛项国内赛优秀指导教师）、马庆祥（重庆工商职业学院大数据技术专业骨干教师、国家"双高计划"高水平专业群核心成员、首批国家级职业教育教师教学创新团队骨干教师、1+X 数据采集技术（中级）认证培训师、"一带一路"暨金砖国家技能发展与技术创新大赛之数据分析与可视化赛项国内赛优秀指导教师）担任主编。

重庆工商职业学院唐春玲负责第 1～3 单元的编写工作，单元 4 由重庆工商职业学院马庆祥编写，单元 5 由重庆工商职业学院刘莹编写，单元 6、单元 7 由四川华迪信息技术有限公司朱春旭编写。重庆工商职业学院李真负责教材的校对和排版工作，四川华迪信息技术有限公司的朱春旭和张遵富负责教材项目案例提供。

由于编者水平有限，教材中难免存在不妥之处，敬请读者批评指正。

编　者

目　　录

导　言

1. 课程性质描述

智能数据分析与应用是一门基于工作过程开发出来的学习领域课程，是大数据技术、人工智能技术应用专业的核心课程。本课程注重对学生职业能力和创新精神、实践能力的培养，培养学生利用主流框架进行数据采集、数据处理项目的设计和开发。本课程是融理论和实践于一体，教、学、做一体化的专业课程，是工学结合课程。

适用专业：大数据技术、人工智能技术应用相关专业。

开设课时：72 学时。

建议课时：72 学时。

2. 典型工作任务描述

大数据时代，信息的采集是一项重要的工作。如果单纯靠人力进行信息采集，不仅低效烦琐，收集的成本也会提高，我们可以使用网络爬虫对数据信息进行自动采集，比如应用于搜索引擎对站点进行爬取收录、应用于数据分析与挖掘对数据进行采集、应用于人力资源行业对招聘数据进行采集。

数据采集回来后，还需要进一步处理与分析。因为在后续的数据分析模型中，会使用到这些数据。如果数据中存在离群值，那就可能导致数据的均值分析异常；如果存在空值，那就可能导致计算有效数异常；如果存在错误值，会直接导致分析不下去，因为这会导致数据标注错误，直接影响最后的模型训练结果。

为解决这些问题，本课程的典型工作任务如图 0-1 所示。

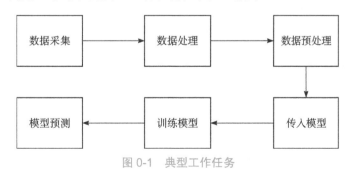

图 0-1　典型工作任务

3. 课程学习目标

本课程内容涵盖了对学生在"基本理论""基本技能"和"职业素养"三个层次的培养。本课程的学习目标为：

（1）基本理论方面

①掌握爬虫程序设计理念。

②掌握数据提取和存储思想。

③掌握数据分析的基本思路。

④掌握数据处理的基本思路。

⑤掌握数据可视化的基本思路。

⑥掌握模型构建的基本思路。

⑦掌握模型训练、预测的基本思路。

（2）基本技能方面

①会使用 Requests 请求源数据。

②会使用 BeautifulSoup4 工具解析数据。

③会使用 XPath、CSS 解析数据。

④会使用 Excel 处理数据。

⑤会使用 Tabula 处理数据。

⑥会使用 Kettle 提取、转换、存储数据。

⑦会使用 PostgreSQL 存储数据。

⑧会使用 NumPy 进行数值分析。

⑨会使用 Pandas 进行数据分析。

⑩会使用 Matplotlib 进行数据可视化。

⑪会使用 Seaborn 进行数据可视化。

⑫能说出机器学习的基本思想。

⑬会使用 Spark Dataframe 对象。

⑭会构建 SparkMLib 机器学习模型。

⑮会使用 SparkMLib 构建推荐系统。

⑯能说出神经网络的基本思想。

⑰会使用 TensorFlow。

⑱会使用 OpenCV 进行人脸采集。

⑲会使用 OpenCV 进行人脸检测。

⑳会使用 TensorFlow 构建 CNN 模型。

㉑会训练 TensorFlow 模型并进行预测。

（3）职业素养方面

①能够完成真实业务逻辑向代码的转化。

②能够独立分析解决问题。

③能够快速准确地查找参考资料。

④能够与小组其他成员通力合作。

4. 学习组织形式与方法

亲爱的同学，欢迎你学习智能数据分析与应用课程！

与你过去使用的传统教材相比，这是一种全新的学习材料，它帮助你更好地了解未来的工作及其要求。通过这本活页式教材，你可以学习如何采集数据、处理数据，促进你的综合职业能力发展，使你有可能在短时间内成为网络爬虫和数据处理方面的能手。

在正式开始学习之前，请你仔细阅读以下内容，了解即将开始的全新教学模式，做好相应的学习准备。

（1）主动学习

在学习过程中，你将获得与你以往完全不同的学习体验，你会发现与以传统课堂讲授为主的教学有着本质的区别——你是学习的主体，自主学习将成为本课程的主旋律。工作能力只有靠你自己亲自实践才能获得，靠自己获得的知识才牢固，教师在你的学习和工作过程中进行方向性的指导，为你学习和工作提供帮助。比如说，教师向你传授爬虫、数据处理程序的设计思想，给你解释推荐系统的各个组成部分，教你解析爬取数据、处理数据的各种方法等。如果你想成为爬虫技能能手、数据处理能手，就必须主动、积极、亲自去完成分析网页、爬取数据、解析数据、处理数据并存储数据的整个过程，通过完成工作任务学会工作。主动学习将伴随你的职业生涯成长，它可以使你快速适应新方法、新技术。

（2）用好工作活页

首先，你要深刻理解学习情境中的每一个学习目标，利用这些目标指导自己的学习并评价自己的学习效果；其次，你要明确学习内容的结构，在引导问题的帮助下，尽量独自地去学习并完成包括填写工作活页内容等整个学习任务；同时你可以在教师和同学的帮助下，通过互联网查阅网络爬虫、数据处理的相关资料，学习重要的工作过程知识；再次，你应当积极参与小组讨论，去尝试解决复杂和综合性的问题，进行工作质量的自检和小组互检，并注意程序的规范化，在多种技术实践活动中形成自己的技术思维方式；最后，在完成一个工作任务后，反思是否有更好的方法或能否用更少的时间来完成工作目标。

（3）团队协作

课程的每个学习情境都是一个完整的工作过程，大部分的工作需要团队协作才能完成。教师会帮助大家划分学习小组，但要求各小组成员在组长的带领下，制订可行的学习和工作计划，并能合理安排学习与工作时间，分工协作，互相帮助，互相学习，广泛开展交流，大胆发表你的观点和见解，按时、保质保量地完成任务。你是小组的一员，你的参与与努力是团队完成任务的重要保障。

（4）把握好学习过程和学习资源

学习过程是由学习准备、计划与实施和评价反馈组成的完整过程。你要养成理论与实践紧密结合的习惯，教师引导、同学交流、学习中的观察与独立思考、动手操作和评价反思都是专业技术学习的重要环节。

学习资源可以参阅每个学习情境的相关知识和相关案例。此外，你也可以通过互联网等途径获得更多的专业技术信息，这将为你的学习和工作提供更多的帮助和技术支持，拓展你的学习视野。

预祝你学习取得成功，早日成为网络爬虫、数据处理的技术能手！

5. 学习情境设计

为了完成数据采集、数据处理的典型工作任务，我们安排了如表 0-1 所示的学习情境。

表 0-1　学习情境设计

序号	学习情境	任务简介	学时
1	使用 Beautiful Soup 库与 XPath 语法解析网页	完成对网页的数据提取	2
2	使用 Requests 采集网络数据	完成对目标网页的下载	1
3	使用 Excel 处理数据	完成使用 Excel 处理数据	1
4	使用 Tabula 处理数据	完成使用 Tabula 处理数据	1
5	使用 Kettle 处理数据	完成 Kettle 的安装和数据处理	4
6	使用 NumPy 创建与索引复杂数据对象	完成使用 NumPy 创建与索引复杂数据对象,并进行数值数据分析	3
7	对招聘数据的数组进行形态变换	完成对招聘数据的数组进行形态变换和数据处理	4
8	读写招聘信息数据集	完成使用 NumPy 读写招聘信息数据集	1
9	使用 Pandas 访问不同的数据源	完成使用 Pandas 访问不同的数据源,比如 MySQL、CSV 文本文件等	2
10	使用 Pandas 进行数据处理	完成使用 Pandas 进行数据处理,比如删除重复值、填充空值等	4
11	使用 Pandas 分析招聘数据	完成使用 Pandas 分析招聘数据	6
12	掌握 Matplotlib 的基本应用	完成使用 Matplotlib 绘制基本的图形	3
13	使用 Matplotlib 对招聘数据进行可视化分析	完成使用 Matplotlib 对招聘数据进行可视化分析	4
14	使用 Seaborn 对招聘数据进行可视化分析	完成使用 Seaborn 对招聘数据进行可视化分析	3
15	了解机器学习的基本原理	完成了解机器学习的基本原理、流程、工件	4
16	使用 Spark API 进行数据分析	完成使用 Spark API 构建基本的数据处理对象,并进行数据分析	6
17	使用 SparkMLib 构建推荐系统	完成使用 SparkMLib 构建推荐系统	8
18	使用 Keras 构建神经网络	了解 Keras 的基本使用方式,并使用 Keras 构建神经网络	6
19	使用神经网络构建人脸识别系统	了解 TensorFlow 的基本使用方式,完成使用神经网络构建人脸识别系统	11

6. 学业评价

针对每一个学习情境,教师对学生的学习情况和任务完成情况进行评价。表 0-2 为各学习情境的评价权重,表 0-3 为对每个学生进行学业评价的参考表格。

表 0-2　学习情境评价权重

序号	学习情境	权重
1	使用 Beautiful Soup 库与 XPath 语法解析网页	3%
2	使用 Requests 采集网络数据	1%
3	使用 Excel 处理数据	1%
4	使用 Tabula 处理数据	1%
5	使用 Kettle 处理数据	6%
6	使用 NumPy 创建与索引复杂数据对象	4%
7	对招聘数据的数组进行形态变换	6%
8	读写招聘信息数据集	1%
9	使用 Pandas 访问不同的数据源	3%
10	使用 Pandas 进行数据处理	6%
11	使用 Pandas 分析招聘数据	6%

（续表）

序号	学习情境	权重
12	掌握 Matplotlib 的基本应用	4%
13	使用 Matplotlib 对招聘数据进行可视化分析	6%
14	使用 Seaborn 对招聘数据进行可视化分析	6%
15	了解机器学习的基本原理	6%
16	使用 Spark API 进行数据分析	8%
17	使用 SparkMLib 构建推荐系统	11%
18	使用 Keras 构建神经网络	8%
19	使用神经网络构建人脸识别系统	13%

表 0-3　学业评价表

学号	姓名	学习情境 1	学习情境 2	……	学习情境 9	总评

单元 1　采集网络数据

大数据、人工智能的发展离不开数据。

数据的类型多种多样，比如系统运行过程中产生的日志数据、用户操作过程记录下的行为数据、某些组织机构调查整理后发布的数据、互联网上公开的数据。

依目前业内的实际情况来看，要想获取大量的、免费的数据，最佳实践就是开发爬虫程序来进行网络数据采集。采集网络数据教学导航如图 1-1 所示。

教学导航	知识重点	1. Beautiful Soup网页解析库 2. XPath语法 3. Requests网络请求库
	知识难点	网页结构的识别
	推荐教学方式	从工作任务入手，根据业务场景选择框架，然后再研究如何使用
	建议学时	3学时
	推荐学习方法	先复制随书源码运行一遍看效果，然后归纳不同示例的共同点，总结编程思路，勤练是关键
	必须掌握的理论知识	爬虫的开发流程
	必须掌握的技能	下载与分析网页结构

图 1-1　教学导航

学习情境 1.1　使用 Beautiful Soup 库与 XPath 语法解析网页

学习情境描述

1. 学习情境

爬虫采集的招聘数据是存在于一个网页内的。若想提取网页中的内容，就需要使用 Beautiful Soup 库、XPath 语法。本学习情境主要介绍 Beautiful Soup 库、XPath 语法的用法。

教学导航

2. 关键知识点

（1）Beautiful Soup 库的应用。

（2）XPath 语法的规则。

3. 关键技能点

（1）lxml 库的安装。

（2）Beautiful Soup 的安装。

（3）数据提取。

学习目标

1. 安装 Beautiful Soup 库。
2. 安装 lxml 库。
3. 正确掌握 Beautiful Soup 的常用 API。
4. 正确掌握 XPath 语法。
5. 能使用 Beautiful Soup 提取网页数据。
6. 能使用 XPath 提取网页数据。

任 务 书

1. 完成通过 pip 命令安装及管理 Beautiful Soup、lxml 库。
2. 完成通过 Beautiful Soup 提取招聘网站页面内容。
3. 完成通过 XPath 提取招聘网站页面内容。

获取信息

引导问题：提取网页内容有哪些方式。

1. Beautiful Soup 是什么？

_____

_____

2. XPath 语法的主要规则是什么？

_____

_____

工作计划

1. 制订工作方案（见表 1-1）

表 1-1　工作方案

步骤	工作内容
1	
2	
3	
4	
5	
6	
7	
8	

2. 写出此工作方案中提取网页内容的开发步骤

_____

_____

_____

3. 列出工具清单（见表 1-2）

表 1-2　工具清单

序号	名称	版本	备注

4. 列出技术清单（见表 1-3）

表 1-3　技术清单

序号	名称	版本	备注

进行决策

1. 根据引导、构思、计划等，各自阐述自己的设计方案。
2. 对其他人的设计方案提出自己不同的看法。
3. 教师结合大家完成的情况进行点评，并选出最佳方案。

_____

_____

_____

_____

知识准备

"使用 Beautiful Soup 库与 XPath 语法解析网页"知识分布如图 1-2 所示。

图 1-2　"使用 Beautiful Soup 库与 XPath 语法解析网页"知识分布

1. Beautiful Soup

（1）Beautiful Soup 框架介绍

Beautiful Soup 是一个可以从 HTML 或 XML 文件中提取数据的 Python 库。可以给 Beautiful Soup 库指定任意合适的转换器，来对文档进行查找、遍历、内容修改。

创建 Soup 对象

Beautiful Soup 将 HTML 或 XML 元素封装成 Python 对象，使得开发者可以使用面向对象的方式访问文档中的元素。

Beautiful Soup 支持 Python 标准库中的 HTML 解析器，同时还支持一些三方解析器。表 1-4 展示了部分解析器的优缺点。

表 1-4　解析器

解析器	使用方法	优势	劣势
Python 标准库	BeautifulSoup(markup, "html.parser")	Python 的内置标准库	Python 2.7.3 或 3.2.2 前的版本中文档容错能力差
lxml HTML 解析器	BeautifulSoup(markup, "lxml")	速度快	需要安装 C 语言库
lxml XML 解析器	BeautifulSoup(markup, ["lxml-xml"])	速度快	需要安装 C 语言库
html5lib	BeautifulSoup(markup, "html5lib")	最好的容错性 以浏览器的方式解析文档	速度慢 不依赖外部扩展

（2）Beautiful Soup 库安装

Beautiful Soup 是 Python 的三方库，在使用的时候可以通过如下命令安装：

```
pip install beautifulsoup4
```

官方推荐使用 lxml 作为解析器，因为效率更高。安装 lxml 命令如下：

```
pip install lxml
```

提取内容

（3）Beautiful Soup 使用方法

安装完毕后接下来介绍 Beautiful Soup 的基本用法。

```
<div class="tHeader tHjob" style="display: block;">
<div class="in">
```

```
<div class="cn">
<h1 title="人工智能与湍流/转换模型研究岗">人工智能与湍流/转换模型研究岗<input
value="130271220"      name="hidJobID"      id="hidJobID"      type="hidden"
jt="0"></h1><strong>15-20万/年</strong>
<p class="cname">
<a      href="https://jobs.51job.com/all/co5125699.html"      target="_blank"
title="中国空气动力研究与发展中心计算空气动力研究所" class="catn">中国空气动力研究与发
展中心计算空气动力研究所<em class="icon_b i_link"></em></a>
<a      track-type="jobsButtonClick"      event-type="2"      class="i_house"
href="https://jobs.51job.com/all/co5125699.html?#syzw" target="_blank">查看所
有职位</a>
</p>
<div class="jtag">
<div class="t1">
<span class="sp4">五险一金</span><span class="sp4">免费班车</span><span
class="sp4">餐饮补贴</span><span class="sp4">通讯补贴</span><span class="sp4">
交通补贴</span><span class="sp4">年终奖金</span><span class="sp4">绩效奖金
</span><span class="sp4">定期体检</span><span class="sp4">专业培训</span><span
class="sp4">员工旅游</span>                                              <div
class="clear"></div>
</div>
</div>
</div>
</div>
</div>
```

　　以上是从招聘网站上截取的部分 HTML 源码。现在，通过 Beautiful Soup 库获取 HTML 文档中的招聘岗位与企业名称。

　　（4）将 HTML 文档转换为对象

　　样例 1-1：将 HTML 源码传入 BeautifulSoup 构造函数，并指定 lxml 解析器，创建 BeautifulSoup 对象，名为 soup。

```
# -*- coding: utf-8 -*-
from bs4 import BeautifulSoup

html_doc = '''<div class="tHeader tHjob" style="display: block;">
<div class="in">
<div class="cn">
<h1 title="人工智能与湍流/转换模型研究岗">人工智能与湍流/转换模型研究岗<input
value="130271220"      name="hidJobID"      id="hidJobID"      type="hidden"
jt="0"></h1><strong>15-20万/年</strong>
<p class="cname">
<a      href="https://jobs.51job.com/all/co5125699.html"      target="_blank"
```

```
title="中国空气动力研究与发展中心计算空气动力研究所" class="catn">中国空气动力研究与发
展中心计算空气动力研究所<em class="icon_b i_link"></em></a>
    <a    track-type="jobsButtonClick"    event-type="2"    class="i_house"
href="https://jobs.51job.com/all/co5125699.html?#syzw" target="_blank">查看所
有职位</a>
    </p>
<div class="jtag">
<div class="t1">
<span class="sp4">五险一金</span><span class="sp4">免费班车</span><span
class="sp4">餐饮补贴</span><span class="sp4">通讯补贴</span><span class="sp4">
交通补贴</span><span class="sp4">年终奖金</span><span class="sp4">绩效奖金
</span><span class="sp4">定期体检</span><span class="sp4">专业培训</span><span
class="sp4">员工旅游</span>                                          <div
class="clear"></div>
    </div>
    </div>
    </div>
    </div>
    </div>
    '''


soup = BeautifulSoup(html_doc, 'lxml')
```

（5）获取岗位名称

样例 1-2：通过调用 soup 对象的 find 方法，获取 h1 元素。

在 find 方法中传入元素名称 h1，会返回包含 h1 元素的 BeautifulSoup 包装对象。通过访问包装对象的属性 text，即可获得对应 HTML 元素的内容。

```
h1 = soup.find('h1')
print(h1.text)
```

（6）获取企业名称

样例 1-3：企业名称包含在 a 标签中。由于文档中存在多个 a 标签，因此可以通过给标签指定 class 以精确查找需要的标签。注意 class 后面需要加 "_"，目的是防止与 Python 关键字冲突。

```
a = soup.find("a",class_="catn")
print(a.text)
```

2. XPath

（1）XPath 语法规则

XPath 语法规则如表 1-5 所示。

XPath

11

表 1-5　XPath 语法规则

表达式	说明
/	从根节点开始查找
//	从当前位置开始查找
.	获取当前节点
..	获取当前元素的父节点
@	获取元素属性
节点名称	选取指定节点的所有子节点
*	获取任意节点
@*	获取任意属性节点
node()	获取任意类型的节点

（2）获取岗位名称

导入 etree 对象，调用 HTML 函数，并将 html 片段传入其中。HTML 函数将返回封装后的 html 对象。此时就可以通过调用 html 对象的 xpath 函数并指定 XPath 表达式获取元素内容了。

样例 1-4：//div/div/div/h1/text()表达式的含义就是获取根元素 div 下的子元素 div，直到找到 h1 元素。通过指定 text()方法，即可获取 h1 元素的文本内容。

注意：由于 XPath 返回的是列表，因此要获取岗位名称，后面还需要指定[0]索引。

```
from lxml import etree
html = etree.HTML(html_doc)
result = html.xpath('//div/div/div/h1/text()')[0]
print(result)
```

（3）获取企业名称

样例 1-5：//a[@class="catn"]/text()表达式的含义就是从当前位置查找 a 标签，且标签的 class 值为 catn 的元素。

```
result = html.xpath('//a[@class="catn"]/text()')[0]
print(result)
```

相关案例

按照本学习情境所涉及的知识面及知识点，本案例将展示"提取招聘网页内容"的具体实施过程。

按照提取数据的开发过程，以下展示的是 XPath 语法应用具体流程。

图 1-3 所示的是招聘网站上，企业信息部分的截图。现在要获取公司信息，就需要确定该信息在网页中的位置。

▍公司信息

中国空气动力研究与发展中心

中国空气动力研究与发展中心由著名科学家钱学森、郭永怀规划筹备，1968年2月组建于四川绵阳，是国内***的大、中、小设备配套，风洞试验、数值计算、模型飞行试验"三大手段"齐备，低速、高速、超高速衔接，气动力、气动热、气动物理等研究领域宽广，具有世界影响力的国家空气动力试验研究中心，能够进行从低速到24倍声速，从水下到100公里高空范围的空气动力试验研究，整体规模和能力位居世界前列。中心完成了我国几乎所有航空航天飞行器以及水下航行器、地面交通工具、风工程等试验和研究任务，获得***和部委级科技进步奖千余项，为我国航空航天事业发展和国民经济建设做出了重大贡献。

中心下辖六个研究所，设有1个国家重点实验室，以及研究生部和博士后科研流动站。是中国空气动力学会及其下属5个专委会的***单位，出版包括核心刊物《空气动力学学报》、《实验流体力学》和英文刊物《Advances in Aerodynamics》等。

中心组建以来，累计完成风洞试验90万余次、数值计算2000余项，课题研究3000余项。获科技成果奖1500余项，其中***奖50余项，部委级一、二等奖320余项。先后在中心工作和学习过的院士6人，享受国务院政府特殊津贴110余人，6人被评为国家有突出贡献的中青年专家，3人获"何梁何利奖"，1人获首届"全国创新争先奖状"，2人获"全国杰出专业技术人才"荣誉称号，6人获"全国优秀科技工作者"荣誉称号，8人入选国家"百千万人才工程"，1人获中国青年科技奖，2人获"求是"杰出青年实用工程奖，2人获国家自然科学基金杰出青年基金项目资助，1人获光华工程科技奖"青年奖"，30余人担任原863、973和国家重点研发计划、国家安全重大基础项目技术首席。

图 1-3　招聘信息

打开浏览器，输入地址：

https://jobs.51job.com/chengdu-tfxq/130271220.html?s=sou_sou_soulb&t=0

在网页页面上单击鼠标右键，选择"检查"，然后选中如图 1-4 所示节点。

图 1-4　分析网页结构

在图 1-4 中 div class="tmsg inbox"节点上单击鼠标右键，选择"复制"，在弹出的菜单中选择"复制 XPath"。此时就可以获得浏览器提供的 XPath 表达式，如下：

/html/body/div[3]/div[2]/div[3]/div[3]/div

在本案例中，提前将招聘的页面另存为本地文件。通过 Python 读取文件内容，并传递给 etree.HTML 函数，然后再提取内容，具体如下：

```
# -*- coding: utf-8 -*-#
from lxml import etree

path = "job.html"
with open(path, "r") as file:
content = file.read()
html = etree.HTML(content)
result = html.xpath("/html/body/div[3]/div[2]/div[3]/div[3]/div/text()")
print(result)
```

工作实施

按照制订的最佳实施方案进行项目开发，填充相应的工作流程内容。

评价反馈

各自完成学习情境的开发并展示作品，介绍任务的完成过程。作品展示前应准备阐述材料，并完成评价表 1-6、表 1-7、表 1-8。

1. 学生进行自我评价。

表 1-6 学生自评表

班级：		姓名：		学号：	
学习情境 1.1	使用 Beautiful Soup 库与 XPath 语法解析网页				
评价项目	评价标准			分值	得分
Python 环境管理	能正确、熟练使用 Python 工具管理开发环境			10	
解读网页结构	能正确、熟练使用网页工具解读网页结构			10	
方案制作	能快速、准确地制订工作方案			10	
解析网页数据	能根据方案正确、熟练地解析网页数据			30	
项目开发能力	根据项目开发进度及应用状态评价开发能力			20	
工作质量	根据项目开发过程及成果评定工作质量			20	
合计				100	

2. 学生展示过程中，以个人为单位，对以上学习情境的结果进行互评。

表 1-7　学生互评表

学习情境 1.1		使用 Beautiful Soup 库与 XPath 语法解析网页									
评价项目	分值	等级							评价对象			
									1	2	3	4
计划合理	10	优	10	良	9	中	8	差	6			
方案准确	10	优	10	良	9	中	8	差	6			
工作质量	20	优	20	良	18	中	15	差	12			
工作效率	15	优	15	良	13	中	11	差	9			
工作完整	10	优	10	良	9	中	8	差	6			
工作规范	10	优	10	良	9	中	8	差	6			
识读报告	10	优	10	良	9	中	8	差	6			
成果展示	15	优	15	良	13	中	11	差	9			
合计	100											

3. 教师对学生的工作过程和工作结果进行评价。

表 1-8　教师综合评价表

班级：		姓名：		学号：
学习情境 1.1		使用 Beautiful Soup 库与 XPath 语法解析网页		
评价项目		评价标准	分值	得分
考勤 (20%)		无无故迟到、早退、旷课现象	20	
工作过程 (50%)	环境管理	能正确、熟练使用 Python 工具管理开发环境	5	
	方案制作	能快速、准确地制订工作方案	5	
	数据解析	能根据方案正确、熟练地解析网页数据	30	
	工作态度	态度端正，工作认真、主动	5	
	职业素质	能做到安全、文明、合法，爱护环境	5	
项目成果 (30%)	工作完整	能按时完成任务	5	
	工作质量	能按计划完成工作任务	15	
	识读报告	能正确识读并准备成果展示各项报告材料	5	
	成果展示	能准确表达、汇报工作成果	5	
合计			100	

拓展思考

1. 在使用 Beautiful Soup 解析网页时应注意哪些问题？
2. 在使用 XPath 解析网页时应注意哪些问题？
3. Beautiful Soup 与 XPath 在使用上有哪些异同？

学习情境 1.2　使用 Requests 采集网络数据

学习情境描述

1. 学习情境

采集网页数据的库有 Urillib、Requests、Scrapy。相较于 Urillib、Scrapy，Requests 更易于安装，架构更简单，使用起来更容易上手。因此本学习情境主要介绍 Requests 的应用。

2. 关键知识点

（1）爬虫的原理。

（2）HTTP 请求原理。

3. 关键技能点

（1）Requests 库环境安装。

（2）Requests 采集网页。

（3）使用 XPath 提取数据并存入 txt。

学习目标

1. 安装 Requests 库。

2. 了解爬虫的请求原理。

3. 正确掌握 Requests 的常用 API。

4. 能使用 Requests 下载网页。

5. 能使用 CSV 模块将提取的数据存为 CSV 文件。

任 务 书

1. 完成通过 pip 命令安装 Requests、CSV 库。

2. 完成通过使用 Requests 库下载网页。

3. 完成通过 XPath 提取招聘网站页面内容并存入 CSV 文件。

获取信息

引导问题：

1. 什么是网络爬虫？

_____

_____

2. 网络爬虫的原理是什么？

_____

_____

工作计划

1. 制订工作方案（见表 1-9）

表 1-9 工作方案

步骤	工作内容
1	
2	
3	
4	
5	
6	
7	
8	

2. 写出此工作方案中爬取网页的开发步骤

3. 列出工具清单（见表 1-10）

表 1-10 工具清单

序号	名称	版本	备注

4. 列出技术清单（见表 1-11）

表 1-11 技术清单

序号	名称	版本	备注

进行决策

1. 根据引导、构思、计划等，各自阐述自己的设计方案。
2. 对其他人的设计方案提出自己不同的看法。
3. 教师结合大家完成的情况进行点评，并选出最佳方案。

_____

_____

_____

知识准备

"使用 Requests 采集网络数据"知识分布，如图 1-5 所示。

图 1-5 "使用 Requests 采集网络数据"知识分布

1. Requests

（1）Requests 框架介绍

Requests 是一个基于 Apache2 协议开源的 Python HTTP 库，号称是"为人类准备的 HTTP 库"。这是 Requests 官网对其模块的总体介绍。

获取网页

Requests 完全满足当今 Web 的需求：

- Keep-Alive & 连接池。
- 国际化域名和 URL。
- 带持久 Cookie 的会话。
- 浏览器式的 SSL 认证。
- 自动内容解码。
- 基本/摘要式的身份认证。
- 优雅的 key/value Cookie。
- 自动解压。
- Unicode 响应体。
- HTTP（S）代理支持。
- 文件分块上传。
- 流下载。
- 连接超时。
- 分块请求。
- 支持.netrc。

（2）Requests 库安装

Requests 是 Python 的三方库，因此需要单独安装，安装命令如下：

```
pip install requests
```

（3）Requests 使用方法

接下来介绍 Requests 的主要功能。

样例 1-6：发送 GET 请求，获取招聘网站页面。

```
import requests

r = requests.get('https://www.cdhr.net/job/index.php?c=comapply&id=5093')
print(r.text)
```

样例 1-7：在该招聘网站上，如果需要查询某些岗位，比如人工智能岗位，就可以通过 GET 请求传递 URL 参数来实现。

```
import requests

payload = {'c': 'search', 'keyword': '人工智能'}
r = requests.get("https://www.cdhr.net/job", params=payload)
print("实际请求的地址: ",r.url)
```

程序执行完毕后，输出实际的请求地址：

```
https://www.cdhr.net/job/?c=search&keyword=%E4%BA%BA%E5%B7%A5%E6%99%BA%E
8%83%BD
```

放到浏览器中的地址为：

```
https://www.cdhr.net/job/?c=search&keyword=人工智能
```

最后可以看到跳转的页面如图 1-6 所示。

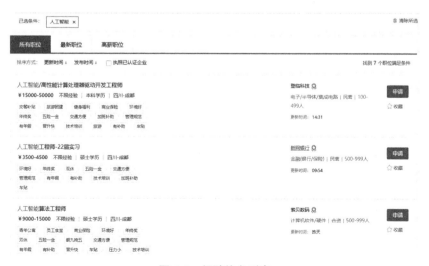

图 1-6　招聘信息列表

19

Requests 会自动解码来自服务器的内容，并将返回的结果构造成 Response 对象。

Requests 发出请求后，会基于 HTTP 头部对响应的编码做出有根据的推测。当访问 r.text 属性时，Requests 会使用其推测的文本编码。开发者可以查看 Requests 使用了什么编码方式来编码响应结果。

样例 1-8：查看响应内容与响应编码。

```
import requests

payload = {'c': 'search', 'keyword': '人工智能'}
r = requests.get("https://www.cdhr.net/job", params=payload)
print("编码：", r.encoding)
print("响应内容：", r.content)
```

（4）二进制响应内容

很多时候，除了抓取文本内容外，还需要获取图片信息。Requests 对采集的图片返回的是二进制内容，因此要查看采集到的图片，还需要使用 PIL 和 io 库。

样例 1-9：采集图片。

```
import requests
from PIL import Image
from io import BytesIO
r                                                                    =
requests.get('https://dss0.bdstatic.com/-0U0bnSm1A5BphGlnYG/tam-ogel/ebab86f
7705d07cc2293b6eaa210db02_259_194.jpg')
i = Image.open(BytesIO(r.content))
i.show()
```

（5）JSON 响应内容

Requests 框架内置了 JSON 解码器。如果服务器端返回的是 JSON 字符串，那么 Requests 会将返回结果自动转换为 JSON 对象。

样例 1-10：获取 JSON 数据。

```
import requests

r = requests.get('https://api.github.com/events')
data = r.json()
print(data)
```

（6）定制请求头

有时候为了应对反爬虫程序，就需要给自己发送的请求设置一个请求头，以绕过反爬虫程序的检查。定制请求头，只需要传递一个字典给 headers 参数就可以了。

样例 1-11：设置请求头。

```
import requests
```

```
url = 'https://www.baidu.com/'
headers   =   {'user-agent':   'Mozilla/5.0   (Windows   NT   10.0;   WOW64)
AppleWebKit/537.36 (KHTML, like Gecko) Chrome/90.0.4430.93 Safari/537.36'}

r = requests.get(url, headers=headers)
```

（7）复杂的 POST 请求

为了能抓取一些动态网页，就需要传递更复杂的 POST 请求，比如很多时候都要用户登录之后才能看到网站的一些信息。一般情况下，出于安全考虑，很多网站都会将登录操作设计成用 POST 请求传递数据。

样例 1-12：用 POST 请求传递参数。

```
import requests

dic = {'key1': 'hello', 'key2': 'spider'}

r = requests.post("http://httpbin.org/post", data=dic)
print(r.text)
```

（8）状态码

Requests 会根据链接的请求情况，自动设置好不同情况下的状态码。开发人员可以根据不同的状态码来决定后续的处理逻辑。

样例 1-13：用 POST 请求传递参数。

```
import requests
r = requests.get("https://www.hao123.com/")
print(r.status_code)

r = requests.post("https://www.hao123.com/api/sample")
print(r.status_code)
```

（9）配置超时

有时候网络环境不好，网速比较慢，使发起的请求一直处于阻塞状态，导致后续的程序无法执行。这时候可以设置请求超时时间 timeout（单位是秒），当超过该时间还没有成功连接服务器时，将强行终止请求。

样例 1-14：设置超时参数。

```
import requests

r = requests.get('https://github.com/', timeout=3)
print(r.status_code)
```

2. CSV

（1）写入 CSV

样例 1-15：把数据写入 CSV 文件。

```
# -*- coding: utf-8 -*-#
import csv

job_list = [
["动力研究院", "大数据开发工程师"],
["思科", "网络开发工程师"],
["微软", "桌面开发工程师"],
["苹果", "IOS 开发工程师"],
]
with open("job.csv", "w") as f:
writer = csv.writer(f)
for i in job_list:
writer.writerow(i)
print("执行完毕")
```

（2）读取 CSV

样例 1-16：从 CSV 文件中读取内容。

```
# -*- coding: utf-8 -*-#
import csv

with open("job.csv", "r") as f:
content = csv.reader(f)
for i in content:
if len(i) > 0:
print(i)
```

相关案例

按照本学习情境所涉及的知识面及知识点，本案例将展示"抓取招聘网页并提取内容，最终存入 CSV 文件"的具体实施过程。

以下展示的是爬虫开发、内容解析、数据存储、数据读取的具体流程。

1. 爬取网页

首先找到要爬取的页面链接：

```
https://www.cdhr.net/job/index.php?c=comapply&id=6709
```

然后确定需要提取页面中的哪些内容，比如需要提取公司信息、岗位名称、工作地址。通过分析页面，确认 XPath 表达式，如图 1-7 所示。

图 1-7　分页网页结构

目标分析完毕后，就可以开发爬虫程序了，具体如下：

```python
# -*- coding: utf-8 -*-#
import requests
from lxml import etree


url = "https://www.cdhr.net/job/index.php?c=comapply&id=6709"
r = requests.get(url)
html = etree.HTML(r.text)
job_name = html.xpath("//h1[@class='Company_post_name_h1']/text()")[0]
print(job_name)
company_name = html.xpath("//div[@class='Compply_right_name_all']/text()")[0]
print(company_name)
address = html.xpath("//div[@class='Company_post_State']/text()")[2].strip()
print(address)
```

2. 将采集到的数据存入 CSV

将采集到的数据存入 CSV 文件，并读取以验证存放结果，具体如下：

```python
with open("job_info.csv", "w") as f:
writer = csv.writer(f)
job_info = [job_name, company_name, address]
writer.writerow(job_info)
print("执行完毕")


with open("job_info.csv", "r") as f:
```

```
content = csv.reader(f)
for i in content:
print(i)
break
```

工作实施

按照制订的最佳实施方案进行项目开发，填充相应的工作流程内容。

评价反馈

各自完成学习情境的开发并展示作品，介绍任务的完成过程。作品展示前应准备阐述材料，并完成评价表 1-12、表 1-13、表 1-14。

1. 学生进行自我评价。

表 1-12　学生自评表

班级：		姓名：		学号：	
学习情境 1.2		使用 Requests 采集网络数据			
评价项目	评价标准			分值	得分
Python 环境管理	能正确、熟练使用 Python 工具管理开发环境			10	
解读网页结构并爬取网页	能正确、熟练使用网页工具解读网页结构和爬取网页			10	
方案制作	能快速、准确地制订工作方案			10	
解析网页数据并存储	能根据方案正确、熟练地解析网页数据并存储到 CSV			30	
项目开发能力	根据项目开发进度及应用状态评价开发能力			20	
工作质量	根据项目开发过程及成果评定工作质量			20	
合计				100	

2. 学生展示过程中，以个人为单位，对以上学习情境的结果进行互评。

表 1-13 学生互评表

学习情境 1.2		使用 Requests 采集网络数据										
评价项目	分值	等级								评价对象		
										1	2	3	4
计划合理	10	优	10	良	9	中	8	差	6				
方案准确	10	优	10	良	9	中	8	差	6				
工作质量	20	优	20	良	18	中	15	差	12				
工作效率	15	优	15	良	13	中	11	差	9				
工作完整	10	优	10	良	9	中	8	差	6				
工作规范	10	优	10	良	9	中	8	差	6				
识读报告	10	优	10	良	9	中	8	差	6				
成果展示	15	优	15	良	13	中	11	差	9				
合计	100												

3. 教师对学生的工作过程和工作结果进行评价。

表 1-14 教师综合评价表

班级：		姓名：		学号：
学习情境 1.2		使用 Requests 采集网络数据		
评价项目		评价标准	分值	得分
考勤 (20%)		无无故迟到、早退、旷课现象	20	
工作过程 (50%)	环境管理	能正确、熟练使用 Python 工具管理开发环境	5	
	方案制作	能快速、准确地制订工作方案	5	
	数据解析与存储	能根据方案正确、熟练地解析网页并存入数据	30	
	工作态度	态度端正，工作认真、主动	5	
	职业素质	能做到安全、文明、合法，爱护环境	5	
项目成果 (30%)	工作完整	能按时完成任务	5	
	工作质量	能按计划完成工作任务	15	
	识读报告	能正确识读并准备成果展示各项报告材料	5	
	成果展示	能准确表达、汇报工作成果	5	
合计			100	

拓展思考

1. 在使用 Requests 爬取网页时应注意哪些问题？
2. 在读取 CSV 文件时应注意哪些问题？
3. 在分页网页结构时应注意哪些问题？

单元 2　对数据进行处理

对数据进行加工处理是为了提高数据的质量。一般刚采集到的数据，存在包含空值、异常值、矛盾数据、重复数据、错误数据、不规范值等情况。这些异常情况会对最终统计结果造成严重的负面影响，比如计算招聘岗位的平均工资时，如果数据集中存在某个较大的离群值，那么最终计算出的平均工资，值就会变得很大。

数据处理就是对数据集中的数据项进行修正、清洗、规范，然后获得一个质量相对较高的样本。

教学导航	知识重点	1. Excel数据处理 2. Tabula数据处理 3. Kettle数据处理
	知识难点	Kettle的概念及数据处理过程
	推荐教学方式	先了解数据处理的需求，选择合适的处理工具。重点应以实现操作流程为主
	建议学时	6学时
	推荐学习方法	先按教程中的步骤做一遍，培养对工具的基本认识，然后再做更复杂的数据处理
	必须掌握的理论知识	Kettle的作业与转换
	必须掌握的技能	Kettle数据处理

图 2-1　教学导航

学习情境 2.1　使用 Excel 处理数据

教学导航

学习情境描述

1. 学习情境

只有对高质量的数据进行分析，才能得到准确的结果。当拿到数据之后，首先就需要对数据进行预处理。对于小规模的数据集，直接使用 Excel 处理即可。因此，本学习情境主要介绍如何使用 Excel 处理数据。

2. 关键知识点

（1）Excel 分列。

（2）格式转换。

3. 关键技能点

（1）Excel 格式转换。

（2）清除重复值、分列。

学习目标

1. 掌握 Excel 格式转换操作。

2. 掌握 Excel 分列操作。

3. 掌握清除重复值操作。

任 务 书

1. 完成通过使用 Excel 工具对数据进行清洗的操作。

2. 完成通过使用 Excel 工具对数据进行转换的操作。

获取信息

引导问题：使用 Excel 对数据进行清洗。

1. 数据清洗的目的是什么？

_____

_____

2. Excel 在数据清洗过程中的适用场景？

_____

_____

工作计划

1. 制订工作方案

表 2-1　工作方案

步骤	工作内容
1	
2	
3	
4	
5	
6	
7	
8	

2. 写出此工作方案中数据清洗的步骤

_____

_____

_____

3. 列出工具清单

表 2-2　工具清单

序号	名称	版本	备注

4. 列出技术清单

表 2-3　技术清单

序号	名称	版本	备注

进行决策

1. 根据引导、构思、计划等，各自阐述自己的设计方案。
2. 对其他人的设计方案提出自己不同的看法。
3. 教师结合大家完成的情况进行点评，并选出最佳方案。

_____

_____

_____

_____

知识准备

"使用 Excel 处理数据"知识分布如图 2-2 所示。

图 2-2　"使用 Excel 处理数据"知识分布

Excel 与 Tabula

1. Excel 统一格式

图 2-3 所示的是一份网站访问日志的部分信息，表格中记录了客户端的 IP 地址、访问的目标网站、访问时间、页面类型。

IP	地址	访问时间	类型
118.112.137.53:4545	https://weiki.com/item/%E9%98%BF%	2021/2/3	5
112.112.132.53:9685	https://hihi.com/danche/?utm_sour	2021/2/16	6
112.113.132.51:3266	https://cd.58.com/xingfumotoche/?	2021-01-03	5
182.123.143.151:2222	https://www.autohome.com.cn/beij	2021/1/16	1
192.131.121.1151:1211	https://bj.gangan.com/zizhirenzhen	2021-01-06	2
112.113.132.51:3266	https://cd.58.com/xingfumotoche/?	2021/1/3	5

图 2-3　访问日志

从表格中可以看到，"访问时间"列的数据中，存在格式不一样的情况。为了方便后续的数据分析，需要将时间统一成同一种格式。

样例 2-1：使用 Excel 统一数据格式。打开随书源码下的 jobs.xlsx 文档，选中"访问时间"列数据，如图 2-4 所示。单击鼠标右键，在弹出的菜单中选择"设置单元格格式"，在打开的对话框中"分类"选择"日期"，再选择符合最终需求的数据格式。单击"确定"按钮之后，数据将自动统一为设置的日期格式。

图 2-4　设置单元格格式

2. Excel 分列操作与清除重复数据

从图 2-3 中可以看到，"IP"列存在重复的情况，这种情况一般是由重复写入日志所致的。因此在清洗的时候，就需要将重复数据清除。

样例 2-2：打开 Excel，选中"地址"列，然后在前面插入一列，如图 2-5 所示。

IP		地址	访问时间	类型
118.112.137.53:4545		https://weiki.com/item/%E9%98%BF%	2021/2/3	5
112.112.132.53:9685		https://hihi.com/danche/?utm_sour	2021/2/16	6
112.113.132.51:3266		https://cd.58.com/xingfumotoche/?	2021-01-03	5
182.123.143.151:2222		https://www.autohome.com.cn/beij	2021/1/16	1
192.131.121.1151:1211		https://bj.gangan.com/zizhirenzhen	2021-01-06	2
112.113.132.51:3266		https://cd.58.com/xingfumotoche/?	2021/1/3	5

图 2-5 插入新列

选中"IP"列，单击菜单上的"数据"选项卡，再单击"分列"按钮，打开文本分列向导，如图 2-6 所示。

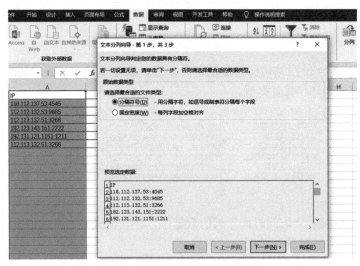

图 2-6 文本分列向导（第 1 步）

保持默认，然后单击"下一步"按钮。在"分隔符号"处选中"其他"，在后面的文本框中输入"："，如图 2-7 所示。

图 2-7 用冒号分列

单击"完成"按钮后可以看到分列后的数据，如图 2-8 所示。

图 2-8　分列后的数据

接下来删除重复数据。

单击"数据"选项卡，然后单击"删除重复值"按钮，打开"删除重复项警告"对话框，如图 2-9 所示。其他设置保持默认，并单击"删除重复项"按钮。

图 2-9　删除重复项设置

之后弹出对话框如图 2-10 所示，用于指定删除哪一列的重复值。这里选择"列 A"，并单击"确定"按钮。

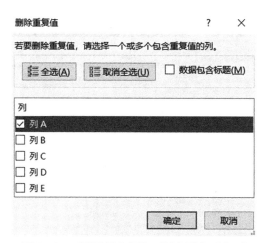

图 2-10　"删除重复值"对话框选择重复列

去重完毕后，结果如图 2-11 所示，可以看到本次操作删除了多少重复数据，保留了哪些数据。

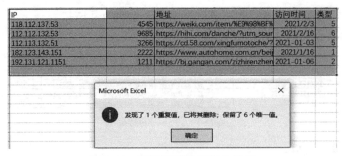

图 2-11　删除重复数据后的结果

相关案例

　　按照本学习情境所涉及的知识面及知识点，本案例将展示"删除招聘信息"的具体实施过程。

　　图 2-12 所示的是采集到的招聘信息，可以看到采集了部分重复岗位信息，接下来就要使用 Excel 的去重功能删除重复数据。

图 2-12　招聘数据

　　单击"数据"选项卡，然后单击"删除重复值"按钮，如图 2-13 所示，这里选择所有列。

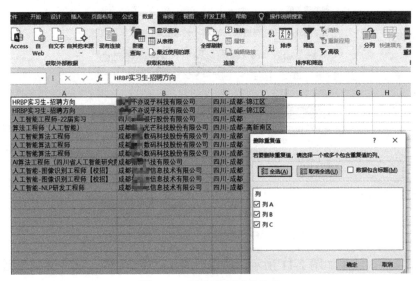

图 2-13　删除重复岗位信息

单击"确定"按钮，得到删除重复值之后的结果，如图 2-14 所示。

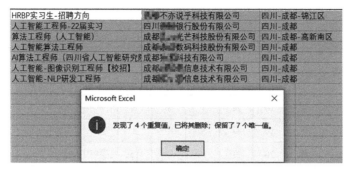

图 2-14　删除重复值后的岗位信息

工作实施

按照制订的最佳实施方案进行项目开发，填充相应的工作流程内容。

评价反馈

各自完成学习情境的开发并展示作品，介绍任务的完成过程。作品展示前应准备阐述材料，并完成评价表 2-4、表 2-5、表 2-6。

1. 学生进行自我评价。

表 2-4　学生自评表

班级：		姓名：		学号：
学习情境 2.1	使用 Excel 处理数据			
评价项目	评价标准		分值	得分
Excel 分列	能正确、熟练使用 Excel 分列功能		10	
Excel 设置单元格格式	能正确、熟练使用 Excel 设置单元格格式		10	
方案制作	能快速、准确地制订工作方案		20	
清洗数据	能根据方案正确、熟练地清洗数据		20	
项目开发能力	根据项目开发进度及应用状态评论开发能力		20	
工作质量	根据项目开发过程及成果评定工作质量		20	
合计			100	

2. 学生展示过程中，以个人为单位，对以上学习情境的结果进行互评。

表 2-5　学生互评表

学习情境 2.1		使用 Excel 处理数据										
评价项目	分值	等级							评价对象			
									1	2	3	4
计划合理	10	优	10	良	9	中	8	差	6			
方案准确	10	优	10	良	9	中	8	差	6			
工作质量	20	优	20	良	18	中	15	差	12			
工作效率	15	优	15	良	13	中	11	差	9			
工作完整	10	优	10	良	9	中	8	差	6			
工作规范	10	优	10	良	9	中	8	差	6			
识读报告	10	优	10	良	9	中	8	差	6			
成果展示	15	优	15	良	13	中	11	差	9			
合计	100											

3. 教师对学生的工作过程和工作结果进行评价。

表 2-6　教师综合评价表

班级：		姓名：		学号：
学习情境 2.1		使用 Excel 处理数据		
评价项目		评价标准	分值	得分
考勤（20%）		无无故迟到、早退、旷课现象	20	
工作过程(50%)	Excel 操作	能正确、熟练地操作 Excel	10	
	方案制作	能快速、准确地制订工作方案	5	
	数据清洗	能根据方案正确、熟练地清洗数据	25	
	工作态度	态度端正，工作认真、主动	5	
	职业素质	能做到安全、文明、合法，爱护环境	5	
项目成果(30%)	工作完整	能按时完成任务	5	
	工作质量	能按计划完成工作任务	15	
	识读报告	能正确识读并准备成果展示各项报告材料	5	
	成果展示	能准确表达、汇报工作成果	5	
合计			100	

拓展思考

1. 如何使用 Excel 统一数据格式？
2. 如何使用 Excel 删除重复数据？

学习情境 2.2　使用 Tabula 处理数据

学习情境描述

1. 学习情境

在数据分析过程中，很多时候出于对信息的保护，以及考虑到不同平台上文档的兼容问题，数据分析师拿到的数据往往是 pdf 格式的。pdf 文档的构造方式、解析方式与普通的文本文档截然不同。因此，本学习情境主要介绍如何使用 Tabula 从 pdf 文档中提取数据。

2. 关键知识点

Tabula 获取 pdf 文档内容。

3. 关键技能点

使用 Tabula 获取 pdf 文档内容。

学习目标

1. 获取 Tabula 安装包。
2. 能使用 Tabula 提取 pdf 文档内容。

任 务 书

1. 运行 Tabula 软件。
2. 使用 Tabula 提取 pdf 文档内容。

获取信息

引导问题：如何从 pdf 文档中提取数据。

1. pdf 文档与普通文档的区别是什么？

_____

_____

_____

_____

2. 如何使用 Tabula 从 pdf 文档中提取内容？

_____

_____

_____

_____

_____

工作计划

1. 制订工作方案（见表 2-7）

表 2-7　工作方案

步骤	工作内容
1	
2	
3	
4	
5	
6	
7	
8	

2. 写出此工作方案中从 pdf 提取数据的步骤

3. 列出工具清单（见表 2-8）

表 2-8　工具清单

序号	名称	版本	备注

4. 列出技术清单（见表 2-9）

表 2-9　技术清单

序号	名称	版本	备注

进行决策

1. 根据引导、构思、计划等，各自阐述自己的设计方案。
2. 对其他人的设计方案提出自己不同的看法。
3. 教师结合大家完成的情况进行点评，并选出最佳方案。

_____

_____

_____

_____

知识准备

1.　Tabula 提取 pdf 内容

（1）Tabula 安装

由于 Tabula 是基于 Java 的应用程序，因此在使用 Tabula 之前，需要安装 JDK。具体安装过程不是本书的重点内容，这里不再赘述。

下载 Tabula 的具体地址如下：

https://github.com/tabulapdf/tabula/releases/download/v1.2.1/tabula-win-1.2.1.zip

Tabula 支持 Windows、Mac OS X、Linux/Other 等多个系统平台，这里选择 Windows 版本。

下载完毕，解压后执行 tabula.exe 程序。此时浏览器会自动打开 Tabula 主界面，如图 2-15 所示。

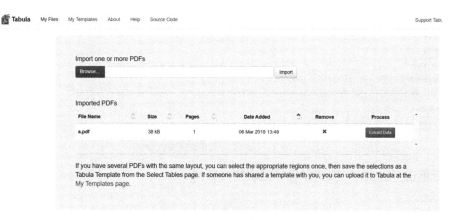

图 2-15　Tabula 主界面

（2）Tabula 使用方法

样例 2-3：在 Tabula 主界面中，单击"Browse"选择 pdf 文档，然后单击"Import"按钮，上传 pdf 文件。这里需要特别注意，pdf 文档中的表格内容，需要用边框框起来，否则 Tabula 无法检测到表格，如图 2-16 所示。

图 2-16　没有边框的数据列表

重新上传一个表格有边框的 pdf 文档，然后单击"Autodetect Tables"按钮，如图 2-17 所示，可以看到 Tabula 检测到了表格。

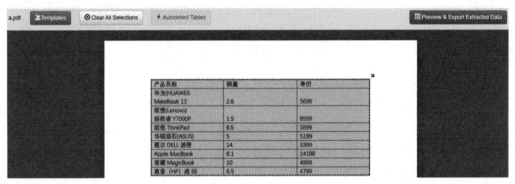

图 2-17　检测表格

然后单击"Preview & Export Extracted Data"按钮，即可提取数据，如图 2-18 所示。

产品名称	销量	单价
华为(HUAWEI) MateBook 13	2.6	5699
联想(Lenovo) 拯救者 Y7000P	1.5	8599
联想 ThinkPad	8.5	5699
华硕顽石(ASUS)	5	5199
戴尔 DELL 游匣	14	5399
Apple MacBook	8.1	14188
荣耀 MagicBook	10	4999

图 2-18　解析到的表格数据

最后单击"Export"按钮即可导出表格内容。

相关案例

按照本学习情境所涉及的知识面及知识点，本案例将展示"提取 pdf 文档内容"的具体实施过程。

在 Tabula 主界面中，选择随书源码内的 jobs.pdf 文件，然后单击"Import"按钮。此时 Tabula 会自动打开 pdf，如图 2-19 所示。

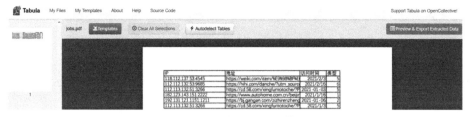

图 2-19　打开 pdf 文档

单击页面上的"Autodetect Tables"按钮，Tabula 会自动检测文档中的表格，如图 2-20 所示。

图 2-20　表格检测

然后单击"Preview & Export Extracted Data"按钮，可以看到 Tabula 提取到的文本内容，如图 2-21 所示。

jobs.pdf　Export Format:　CSV　　⊕ Export　　⬚ Copy to Clipboard

Preview of Extracted Tabular Data

IP	地址	访问时间	类型
118.112.137.53:4545	https://weiki.com/item/%E9%98%BF%E	%8B2%08291%/E24/%3	C%AF5
112.112.132.53:9685	https://hihi.com/danche/?utm_sourc	=m20a2rk1e/2t&/1s6p	=u-6
112.113.132.51:3266	https://cd.58.com/xingfumotoche/?P	2T0ID21=-00d13-003	1e-050
182.123.143.151:2222	https://www.autohome.com.cn/beiji	g/2021/1/16	1
192.131.121.1151:1211	https://bj.gangan.com/zizhirenzhen	/2?u02tm1-_0so1u-0rc6	=mar2k

图 2-21　提取到的内容

最后单击"Export"按钮，即可导出表格数据。

工作实施

按照制订的最佳实施方案进行项目开发，填充相应的工作流程内容。

评价反馈

各自完成学习情境的开发并展示作品，介绍任务的完成过程。作品展示前应准备阐述材料，并完成评价表 2-10、表 2-11、表 2-12。

1. 学生进行自我评价。

表 2-10　学生自评表

班级：		姓名：		学号：
学习情境 2.2	使用 Tabula 处理数据			
评价项目	评价标准		分值	得分
安装 Tabula 工具	能正确、熟练使用 Tabula 工具		20	
解读网页结构	能正确、熟练使用网页工具解读网页结构		10	
方案制作	能快速、准确地制订工作方案		10	
解析 pdf 文件数据	能根据方案正确、熟练地解析 pdf 数据		20	
项目开发能力	根据项目开发进度及应用状态评价开发能力		20	
工作质量	根据项目开发过程及成果评定工作质量		20	
合计			100	

2. 学生展示过程中，以个人为单位，对以上学习情境的结果进行互评。

表 2-11　学生互评表

学习情境 2.2		使用 Tabula 处理数据									
评价项目	分值	等级						评价对象			
								1	2	3	4
计划合理	10	优	10	良	9	中	8	差	6		
方案准确	10	优	10	良	9	中	8	差	6		
工作质量	20	优	20	良	18	中	15	差	12		
工作效率	15	优	15	良	13	中	11	差	9		
工作完整	10	优	10	良	9	中	8	差	6		
工作规范	10	优	10	良	9	中	8	差	6		
识读报告	10	优	10	良	9	中	8	差	6		
成果展示	15	优	15	良	13	中	11	差	9		
合计	100										

3. 教师对学生的工作过程和工作结果进行评价。

表 2-12 教师综合评价表

班级：		姓名：		学号：	
学习情境 2.2		使用 Tabula 处理数据			
评价项目		评价标准		分值	得分
考勤（20%）		无无故迟到、早退、旷课现象		20	
工作过程（50%）	环境管理	能正确、熟练使用 Tabula 工具		5	
	方案制作	能快速、准确地制订工作方案		5	
	数据解析	能根据方案正确、熟练地解析 pdf 数据		30	
	工作态度	态度端正，工作认真、主动		5	
	职业素质	能做到安全、文明、合法，爱护环境		5	
项目成果（30%）	工作完整	能按时完成任务		5	
	工作质量	能按计划完成工作任务		15	
	识读报告	能正确识读并准备成果展示各项报告材料		5	
	成果展示	能准确表达、汇报工作成果		5	
合计				100	

拓展思考

1. 在使用 Tabula 解析 pdf 时应注意哪些问题？
2. 如何使用 Tabula 进行编程？

学习情境 2.3 使用 Kettle 处理数据

学习情境描述

1. 学习情境

对于数据量相对较大，处理过程比较复杂、烦琐的数据集，可以使用 Kettle 进行数据处理。Kettle 支持跨平台运行，其特性包括支持无编码、拖曳方式实现数据处理；可对接传统数据库、文件、大数据平台、接口、流数据等数据源。因此本学习情境主要介绍 Kettle 的基本应用。

2. 关键知识点

（1）Kettle 的基本概念。

（2）Kettle 数据处理的流程。

3. 关键技能点

（1）Kettle 的安装。

（2）Kettle 的结构与启动方式。

（3）使用 Kettle 构造工作流。

（4）使用 Kettle 处理数据。

学习目标

1. 了解 Kettle 的体系结构。
2. 安装 Kettle 软件。
3. 正确掌握使用 Kettle 构建工作流。
4. 正确掌握使用 Kettle 处理数据。
5. 安装 PostgreSQL 软件。

任 务 书

1. 完成安装 Kettle 软件。
2. 完成使用 Kettle 构建工作流。
3. 完成使用 Kettle 处理数据。

获取信息

引导问题 1：如何使用 Kettle 来进行数据处理？

1. Kettle 是什么？

_____

_____

2. Kettle 的体系结构是什么？

_____

_____

3. Kettle 支持哪些场景下的数据处理？

_____

_____

4. 如何使用 Kettle 来处理数据？

_____

_____

引导问题 2：如何使用 PostgreSQL 存储数据？

1. PostgreSQL 是什么？

_____

_____

2. 使用 PostgreSQL 存储数据的优势是什么？

_____

_____

工作计划

1. 制订工作方案（见表 2-13）

表 2-13　工作方案

步骤	工作内容
1	
2	
3	
4	
5	
6	
7	
8	

2. 写出此工作方案中提取网页内容的开发步骤

3. 列出工具清单（见表 2-14）

表 2-14　工具清单

序号	名称	版本	备注

4. 列出技术清单（见表 2-15）

表 2-15　技术清单

序号	名称	版本	备注

进行决策

1. 根据引导、构思、计划等，各自阐述自己的设计方案。
2. 对其他人的设计方案提出自己不同的看法。
3. 教师结合大家完成的情况进行点评，并选出最佳方案。

_____

_____

_____

知识准备

Kettle

1. Kettle 的体系结构

Kettle 是一种用于 ETL 业务的工具。ETL 的全称是 Extract-Transform-Load，即数据抽取、转换、装载。

很多时候，我们需要对现有数据进行处理、转换、迁移。在没有 Kettle 之前，开发者需要自行编程，根据业务去处理数据。大多数情况下，业务领域的专家并不擅长程序开发，因此做一个基本的数据处理操作，都需要专业技术员定制开发程序，导致成本、内耗增高。有了 Kettle 之后，非开发人员就能直接在 Kettle 界面上进行可视化操作，完成数据处理、清洗等任务。

Kettle 是一个通用的数据处理软件，支持多种数据存储介质之间的数据转换、迁移，是业内做数据处理的常用工具，业务人员只需简单学习就可上手操作。

Kettle 在逻辑层面上有两个重要概念：转换与作业。

● 转换：转换处理的是数据流。数据流是指数据在输入控件与输出控件之间的流动，针对的是每一个数据项。

● 作业：作业是一系列的步骤组合。作业的一个步骤就是一个转换。作业将多个转换连接在一起形成工作流。

图 2-22 展示了 Kettle 的体系架构。Spoon 部分是构建数据转换操作与 ETL 作业的可视化工具。数据处理流程的各个节点，可以在 Spoon 界面上直接拖曳，并通过带箭头的直线进行连接，用以构造工作流。

EEData Integration Server 部分是 Kettle 的服务器，主要有以下功能：

● 管理 Spoon 提交的转换操作与 ETL 作业。

● 执行 Spoon 提交的转换操作与 ETL 作业。

● 监控 Spoon 提交的转换操作与 ETL 作业。

● 管理用户、角色等，以保证系统安全。

Enterprise Console 是一个小型的客户端工具，用于部署 Pentaho Data Integration 企业版。Enterprise Console 管理企业证书，监控和远程控制 Pentaho Data Integration 服务器上的转换与作业。

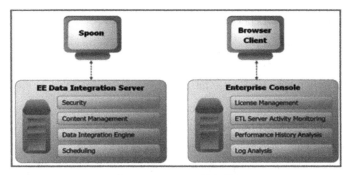

图 2-22 Kettle 的架构

Kettle 的核心组件主要有以下几个部分：

- spoon：构造转换与作业的桌面工具。
- pan：用于执行 Spoon 构建的转换。
- kitchen：用于执行 Spoon 构建的作业。
- carte：用于执行一个作业，与 kitchen 类似。不同之处在于，carte 是一个后台服务，而 kitchen 执行完一个作业后就会自动退出。

本书采用的 Kettle 版本下载地址如下：

```
https://sourceforge.net/projects/pentaho/files/Data%20Integration/
```

下载完毕后，将 Kettle 解压，其目录结构如图 2-23 所示。其中比较重要的工具这里解释如下：

图 2-23 Kettle 的结构

- carte.sh/Carte.bat：启动后台/集群服务命令的工具。
- encr.sh/Encr.bat：加密工具。
- import.sh/Import.bat：导入工具。
- kitchen.sh/Kitchen.bat：运行作业的工具。
- pan.sh/Pan.bat：运行转换的工具。
- set-pentaho-env.sh/set-pentaho-env.bat：设置环境变量的工具。
- spoon.sh/Spoon.bat：用于启动 Spoon 客户端界面和服务。

在 Linux 平台上通过执行 spoon.sh 脚本启动 Kettle，在 Windows 平台上则执行 Spoon.bat 脚本。注意，由于 Kettle 是基于 Java 语言开发的，所以在启动前需确保已安装了 JDK，并配置好了环境变量。

执行 Spoon.bat 脚本后，可以看到 Kettle 的启动界面，如图 2-24 所示。

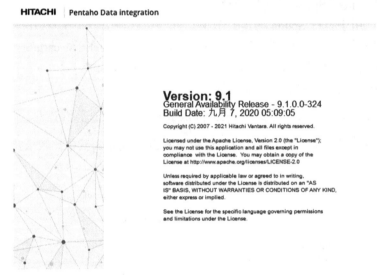

图 2-24　Kettle 启动界面

Kettle 启动完毕后，即可进入主界面，如图 2-25 所示。图中 1 是菜单栏，2 是工具图标栏，3 是对象树列表，4 是主工作区。

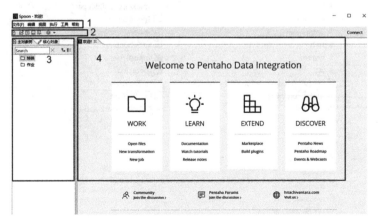

图 2-25　主界面

2．Kettle 的基本操作

学习如何使用 Kettle 最快的方式是执行一个转换操作。

样例 2-4：将随书源码内的 job_info.csv 文件的信息，抽取部分存放到另一个文件中。首先在主对象树下，选择"转换"，单击鼠标右键，在弹出的菜单中选择"新建"，进入转换操作的主界面，如图 2-26 所示。

CSV 转换到 Excel

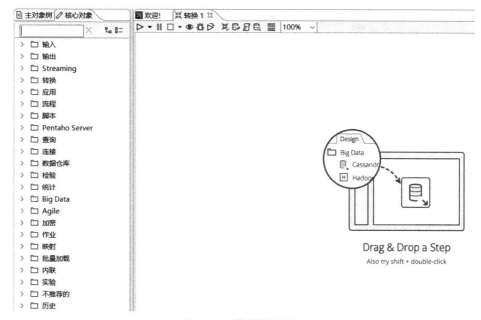

图 2-26　转换操作界面

在核心对象页下，单击"输入"左边的图标，此时单击"CSV 文件输入"，并将其拖动到工作区，如图 2-27 所示。

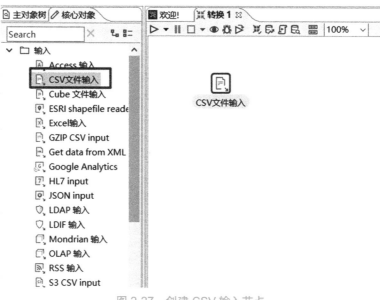

图 2-27　创建 CSV 输入节点

有输入自然有输出。在当前界面的搜索框中，输入"输出"两字，可以看到 Kettle 列出了所有支持的输出方式。这里选择"Excel 输出"，并将其拖动到工作区。如图 2-28 所示，表示将从 CSV 文件中抽取内容，输出到 Excel 文件中。

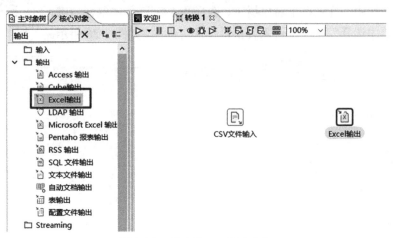

图 2-28　创建 Excel 输出节点

选中"CSV 文件输入"节点，按住 Shift 键，拖动鼠标到"Excel 输出"节点上。松开鼠标，此时在"Excel 输出"节点上选择主输出步骤。这样就建立起了输入节点和输出节点之间的关系，如图 2-29 所示。

图 2-29　连接输入和输出

右键单击"CSV 输出"节点，在弹出的菜单中选择"编辑"，开始编辑步骤，如图 2-30所示。

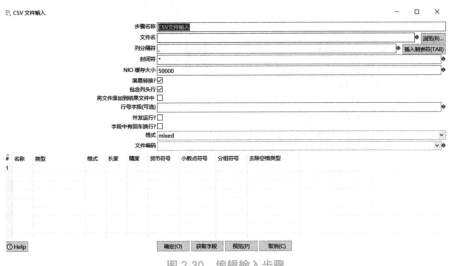

图 2-30　编辑输入步骤

在界面上单击"浏览"按钮，选择随书源码下的 job_info.csv 文件，然后单击底部的"获取字段"按钮，弹出样本数据对话框，如图 2-31 所示。该对话框表示，选择多少行去形成样本。这里保持默认设置，并单击"确定"按钮。

图 2-31　选择 CSV 输入文件

单击"确定"按钮后，可以看到 Kettle 从文档中解析出来的列名，如图 2-32 所示。

#	名称	类型	格式	长度	精度	货币符号	小数点符号	分组符号	去除空格类型
1	岗位名称	String		23		¥	.	,	不去掉空格
2	招聘企业	String		14		¥	.	,	不去掉空格
3	所在区域	String		10		¥	.	,	不去掉空格

图 2-32　解析到的列

单击"确定"按钮，关闭当前对话框。然后鼠标右键单击"Excel 输出"节点，在弹出菜单中选择"编辑步骤"。在弹出的对话框中，选择"字段"选项卡，选择所在区域列，单击鼠标右键，在弹出菜单中选择"删除选中的行"，如图 2-33 所示。

图 2-33　编辑 Excel 输出步骤

单击"确定"按钮，关闭当前对话框。然后单击左上角的"保存"图标，以保存此转换，如图 2-34 所示。

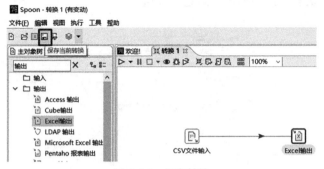

图 2-34　保存转换

保存转换后，就可以运行该转换了。"运行"按钮位置如图 2-35 所示。

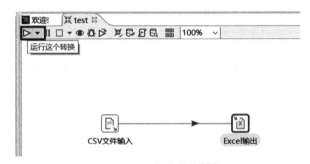

图 2-35　运行此转换操作

单击"运行"按钮后弹出对话框，如图 2-36 所示，可以配置执行转换前的参数。

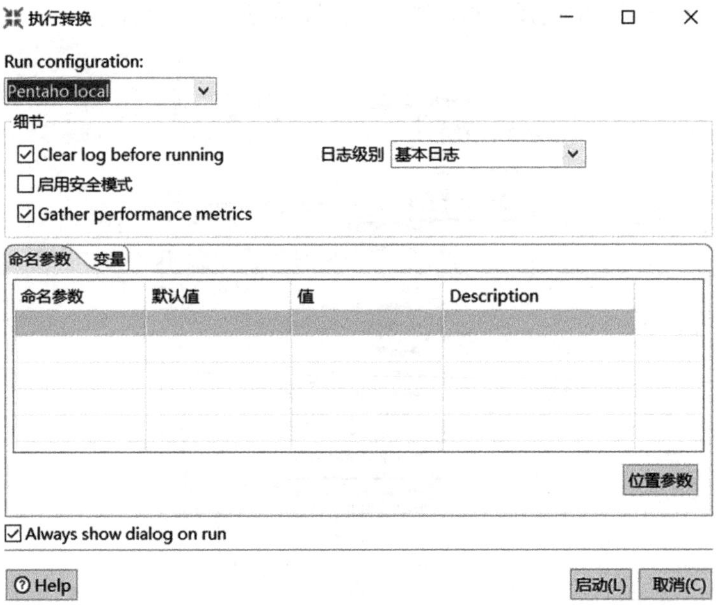

图 2-36　运行参数配置

这里保持默认设置，直接单击"启动"按钮。图 2-37 所示的是该转换的执行过程日志。如果日志中没有错误信息，则表示转换成功。

执行结果

📋 日志　⊙ 执行历史　≣ 步骤度量　⌁ 性能图　⬓ Metrics　◉ Preview data

⊖ 🗑 ⚙

2021/05/20 21:26:42 - Spoon - 另存为...
2021/05/20 21:28:05 - Spoon - 另存为...
2021/05/20 21:28:08 - Spoon - Save file as...
2021/05/20 21:32:36 - Spoon - Running transformation using the Kettle execution engine
2021/05/20 21:32:36 - Spoon - 转换已经打开。
2021/05/20 21:32:36 - Spoon - 正在打开转换 [test]...
2021/05/20 21:32:36 - Spoon - 开始执行转换.
2021/05/20 21:32:36 - test - 为了转换解除补丁开始 [test]
2021/05/20 21:32:36 - CSV文件输入.0 - Header row skipped in file '███████████\第3章\job_info.csv'
2021/05/20 21:32:36 - CSV文件输入.0 - 完成处理 (I=12, O=0, R=0, W=11, U=0, E=0)
2021/05/20 21:32:36 - Excel输出.0 - 完成处理 (I=0, O=11, R=11, W=11, U=0, E=0)
2021/05/20 21:32:36 - Spoon - 转换完成!!

图 2-37　转换日志信息

输出的文件默认存放在安装目录下，默认的文件名为 file.xls。在 Kettle 安装目录下找到该文件，打开该文件，其内容如图 2-38 所示。

岗位名称	招聘企业
HRBP实习生-招聘方向	█不亦说乎科技有限公司
HRBP实习生-招聘方向	█不亦说乎科技有限公司
人工智能工程师-22届实█	四川█银行股份有限公司
算法工程师（人工智能）	成都█光芒科技股份有限公司
人工智能算法工程师	成都█数码科技股份有限公司
人工智能算法工程师	成都█数码科技股份有限公司
人工智能算法工程师	成都█数码科技股份有限公司
AI算法工程师（四川省人█	成都晋维科技有限公司
人工智能-图像识别工程师	成都█思信息技术有限公司
人工智能-图像识别工程师	成都█思信息技术有限公司
人工智能-NLP研发工程师	成都█思信息技术有限公司

图 2-38　转换后的文件内容

CSV 转存到
PostgreSQL

3. PostgreSQL 数据清洗与存储

PostgreSQL 是一个功能强大的开源对象关系数据库系统，相比 MySQL 而言，它的存储类型、功能扩展更为丰富，使用上更为容易。在整体性能方面，尤其是在数据量较大的情况下，表现出较大优势。它在互联网行业和数据分析业务较多的行业中应用广泛。

样例 2-5：本小节将介绍如何使用 Kettle 将数据导入 PostgreSQL。

首先，需要安装 PostgreSQL。PostgreSQL 下载地址如下：

```
https://www.postgresql.org/
```

下载完毕后，双击应用程序打开安装界面，如图 2-39 所示。

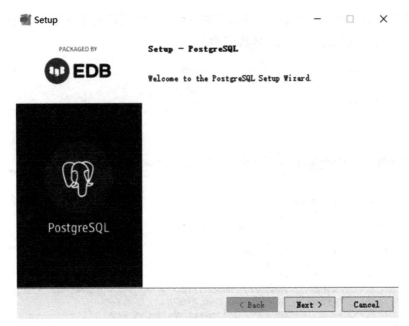

图 2-39　安装界面

单击"Next"按钮，跳转到安装目录设置界面。这里可以选择将 PostgreSQL 安装到一个空目录，如图 2-40 所示。注意安装目录不要有中文等特殊字符。

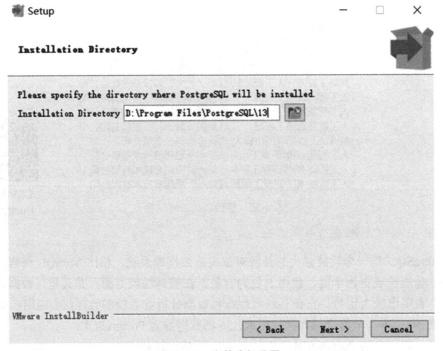

图 2-40　安装路径设置

单击"Next"按钮后跳转到选择要安装的组件页面，如图 2-41 所示。这里保持默认设置，不做修改。

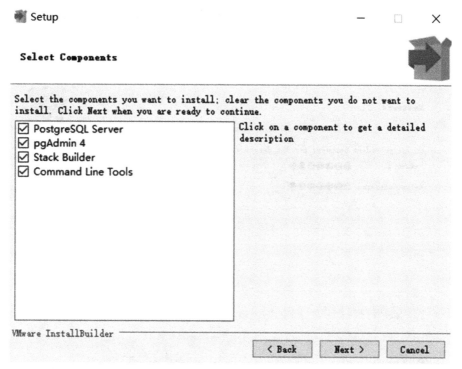

图 2-41　选择要安装的组件

　　继续单击"Next"按钮，跳转到数据存放目录设置界面，同样建议不要选择包含中文及特殊字符的目录，如图 2-42 所示。

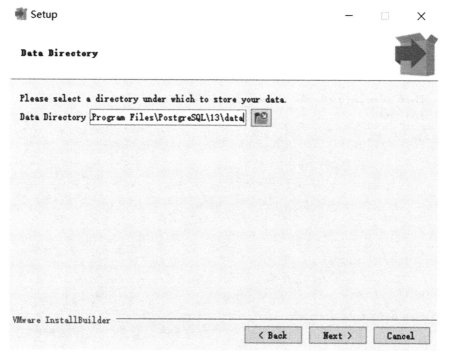

图 2-42　选择数据存放目录

继续单击"Next"按钮，跳转到默认账户的密码设置界面，如图 2-43 所示。默认的账户名为 postgres。

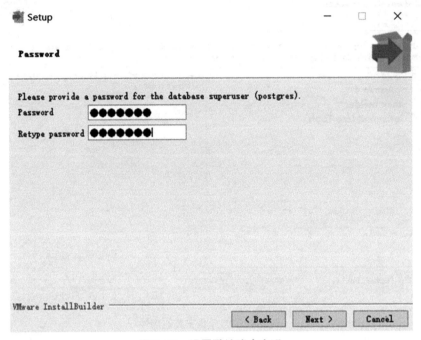

图 2-43　设置默认账户密码

接下来设置 PostgreSQL 服务端口，这里保持默认为 5432，如图 2-44 所示。

图 2-44　设置 Postgres 服务端口

图 2-45 所示的是 PostgreSQL 的高级选项界面，用以对 PostgreSQL 集群、语言环境进行配置。这里单击下拉框，选择 C。

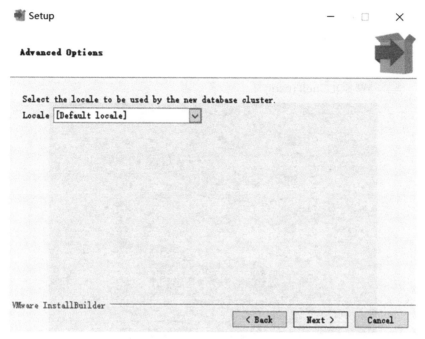

图 2-45   高级选项

后续继续单击"Next"按钮，无须做任何配置，直到安装完毕。安装成功后，可以在"开始"菜单中看到 PostgreSQL 的相关信息，如图 2-46 所示。

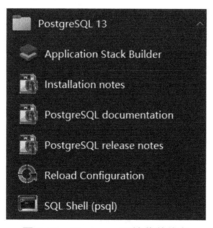

图 2-46   Postgres 开始菜单信息

单击"SQL Shell(psgl)"，打开 PostgreSQL 的命令行客户端工具，如图 2-47 所示。在 SQLShell 窗口中，不断按回车键，到"用户 postgres 的口令："时，输入安装过程中设置的密码，以连接 Postgres 服务。图 2-47 中"postgres=#"表示默认连接到 PostgreSQL 数据库。

输入如下 SQL 语句，表示在 PostgreSQL 数据库中创建表 jobs：

```
CREATE TABLE "public"."jobs" (
"job_name" varchar(255),
"company" varchar(255),
"area" varchar(255)
)
;
```

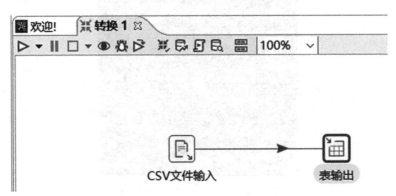

图 2-47　SQL Shell 客户端

正常启动 PostgreSQL 之后，就可以使用 Kettle 导入数据到 PostgreSQL 数据库了。

打开 Kettle，新建转换。在输入处双击"CSV 文件输入"节点，在输出处双击"表输出"节点，然后拖动连线，将输入与输出连接在一起，如图 2-48 所示。

图 2-48　构造 CSV 文件到数据同步之间的转换

编辑"CSV 文件输入"节点，选择随书源码下的 job_info.csv 文件。编辑"表输出"节点，单击"新建"按钮，如图 2-49 所示。

单击"新建"按钮之后，弹出数据连接信息设置界面。在各对应的文本框中，填写好 PostgreSQL 服务的信息，如图 2-50 所示。

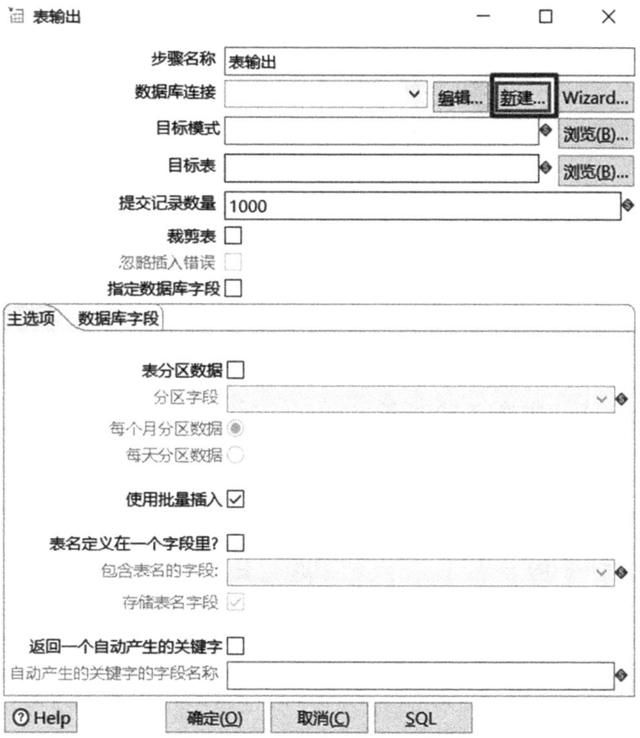

图 2-49　编辑数据同步步骤

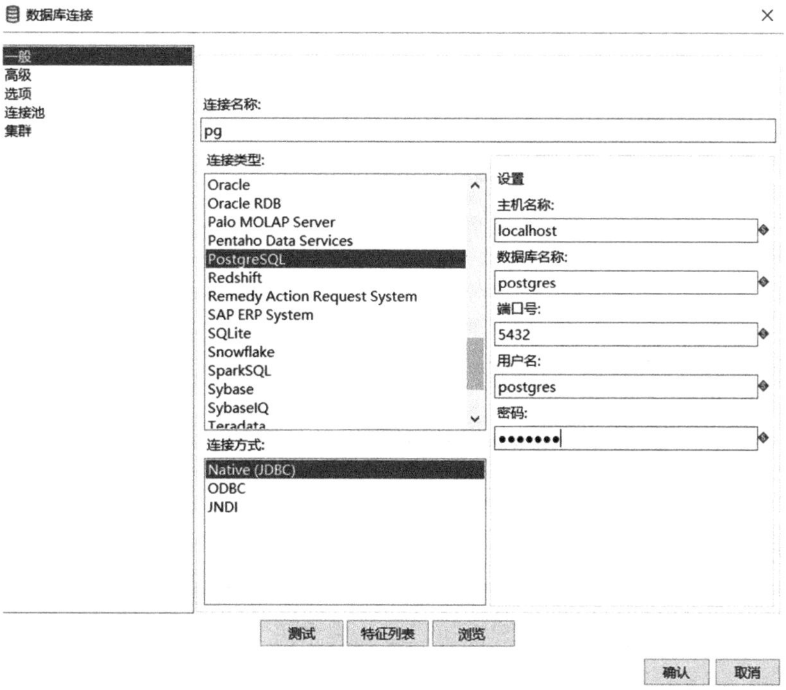

图 2-50　新建数据库连接信息

填写完毕后单击"测试"按钮，若显示如图 2-51 所示对话框，则表示连接成功。

图 2-51　测试连接对话框

单击"确定"按钮，然后在"表输出"配置界面单击"目标表"后面的"浏览"按钮，选择之前创建的 jobs 表，如图 2-52 所示。

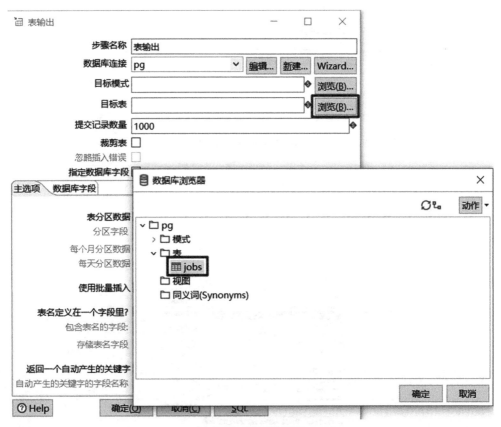

图 2-52　选择数据表

单击"确定"按钮关闭界面。

如图 2-53 所示，在"表输出"配置界面，选中"指定数据库字段"复选框，单击"获取字段"按钮。在"数据库字段"界面可以看到表字段与流字段的映射关系。单击"表字段"的下拉框，建立表字段与流字段的映射关系。设置完毕后单击"确定"按钮，保存转换并执行。

正常运行后的结果如图 2-54 所示。如果运行过程中存在错误，那么日志中会有红色的文字说明。

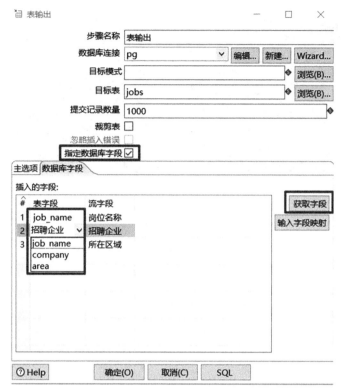

图 2-53　建立文件与表字段的映射关系

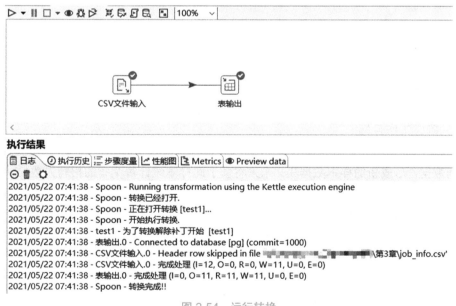

图 2-54　运行转换

在 SQL Shell 窗口中，输入如下查询语句，验证转换结果：

```
SELECT * from jobs;
```

如图 2-55 所示，可以看到文本文件中的数据已经迁移到了 PostgreSQL 数据库中。

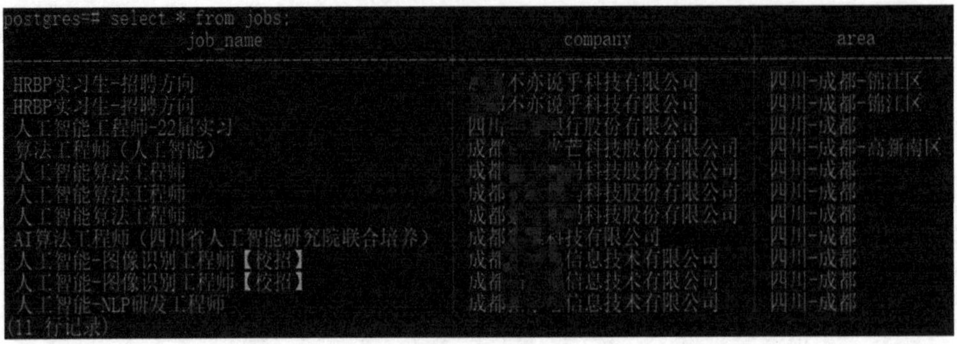

图 2-55　查询 jobs 表数据

相关案例

按照本学习情景所涉及的知识面及知识点，本案例将展示"处理用户浏览招聘网站的日志数据"的具体实施过程。

本案例数据集在随书源码目录内，名为 user_job_log.csv。该数据集包含如下列。

- user_id：用户 id。
- job_id：职位 id。
- type_id：类型 id。
- month：月份。
- day：天。
- count：人数。
- province：省份。

数据的含义是：用户在某月某天浏览了哪一个岗位，其招聘人数是多少，岗位所在省份。本数据集数据条数为 4211800 条，共 194 MB。

版权说明：本数据集是对网络公开数据进行清洗整理而获得的。

（1）确定工作目标

本次案例的工作目标就是在尽量短的时间内，抽取 user_job_log.csv 文件中的 province、count 列数据，形成新的样本数据集。未来将基于此样本统计每个省的招聘人数，以分析各省的人才需求活跃度。

（2）使用 Kettle 抽取数据到 Postgres

打开 Kettle，新建一个转换操作。在输入处将"CSV 文件输入"拖入工作区。如图 2-56 所示，单击"浏览"按钮，选择 user_job_log.csv 文件。在"列分隔符"处，删除对应文本框中的"，"，然后单击"插入制表符（TAB）"按钮。

完成操作后单击"获取字段"按钮，从文件中获取字段名称。单击"预览"按钮，在弹出的对话框中输入要预览的行数，如图 2-57 所示。由于文件较大，这里设置预览 10 行即可。

单击"确定"按钮后，弹出数据预览框，如图 2-58 所示。

图 2-56　选择文件

图 2-57　获取字段与设置预览行数

图 2-58　预览数据

　　接下来将"去除重复记录"节点拖曳到工作区，与其余"CSV 文件输入"进行连接。然后鼠标右键单击，在弹出的菜单中选择"编辑步骤"，弹出编辑界面如图 2-59 所示，设置"用来比较的字段"。这里将文件中的字段全部选中，表示将每一行的每一列都用来进行比较去重。

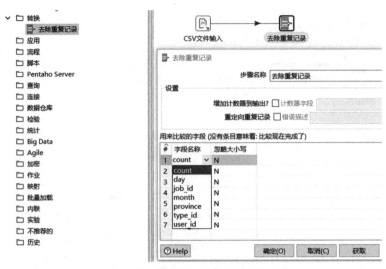

图 2-59　编辑去除重复记录节点

最后将"表输出"节点拖曳到工作区，将其连接到"去除重复记录"节点的后面。

在给表输出点配置数据库信息前，需要使用如下语句在 PostgreSQL 中创建存放输出结果的表：

```
CREATE TABLE "public"."user_job_log" (
"count" int NULL DEFAULT NULL,
"province" varchar(3) NULL DEFAULT NULL
);
```

现在编辑"表输出"节点步骤，选择提前创建的表 user_job_log。然后单击下方的"获取字段"按钮，在"数据库字段"页会显示从 CSV 文档中获取的所有字段，如图 2-60 所示。

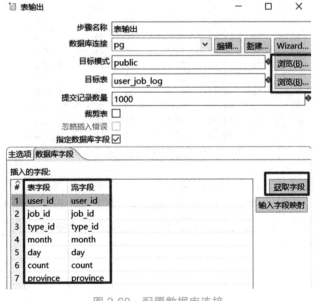

图 2-60　配置数据库连接

然后单击"输入字段映射"按钮，用于建立文件中的字段与表中的字段的映射关系。此时会弹出对话框，如图 2-61 所示，提示某些字段未找到。

图 2-61 字段未完全映射的提示

单击"OK"按钮，弹出"映射匹配"对话框，如图 2-62 所示，这里可以设置文档中的字段与表中的字段的对应关系。

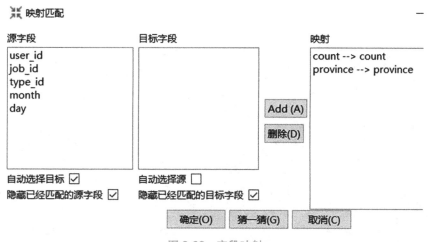

图 2-62 字段映射

在"映射匹配"对话框中单击"确定"按钮，回到主界面，如图 2-63 所示，此时可以看到文档与表字段正确的对应关系了。

图 2-63 处理后的字段映射

单击"确定"按钮后，保存转换并运行。执行完毕后的结果如图 2-64 所示，每个节点上面都会有绿色的标志。若某个节点执行错误，则会显示红色标志。这里表示正常执行完毕。

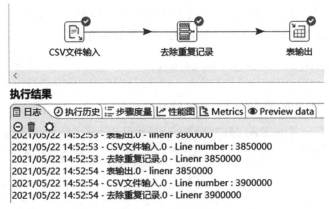

图 2-64　执行转换

回到 SQL Shell 窗口，输入如下语句，验证转换结果：

```
SELECT * FROM user_job_log LIMIT 10;
SELECT count(1) from user_job_log LIMIT 10;
```

执行结果如图 2-65 所示，可以看到最终抽取的数据，以及去除重复值之后的数据条数。

图 2-65　数据处理结果

工作实施

按照制订的最佳实施方案进行项目开发，填充相应的工作流程内容。

评价反馈

　　各自完成学习情境的开发并展示作品，介绍任务的完成过程。作品展示前应准备阐述材料，并完成评价表 2-16、表 2-17、表 2-18。

　　1. 学生进行自我评价。

表 2-16　学生自评表

班级：	姓名：		学号：
学习情境 2.3	使用 Kettle 处理数据		
评价项目	评价标准	分值	得分
Kettle/PostgreSQL 安装	能正常运行 Kettle 工具和 PostgreSQL 数据库	10	
基本操作	能熟练使用 Kettle 进行基本的数据转换	10	
方案制作	能快速、准确地制订工作方案	10	
数据处理	能熟练使用 Kettle 进行数据处理，并确保各节点能正常运行，并将处理后的数据存入 PostgreSQL 数据库	30	
项目开发能力	根据项目开发进度及应用状态评价开发能力	20	
工作质量	根据项目开发过程及成果评定工作质量	20	
合计		100	

　　2. 学生展示过程中，以个人为单位，对以上学习情境的结果进行互评。

表 2-17　学生互评表

学习情境 2.3		使用 Kettle 处理数据									
评价项目	分值	等级							评价对象			
									1	2	3	4
计划合理	10	优	10	良	9	中	8	差	6				
方案准确	10	优	10	良	9	中	8	差	6				
工作质量	20	优	20	良	18	中	15	差	12				
工作效率	15	优	15	良	13	中	11	差	9				
工作完整	10	优	10	良	9	中	8	差	6				
工作规范	10	优	10	良	9	中	8	差	6				
识读报告	10	优	10	良	9	中	8	差	6				
成果展示	15	优	15	良	13	中	11	差	9				
合计	100												

3. 教师对学生的工作过程和工作结果进行评价。

表 2-18　教师综合评价表

班级：		姓名：		学号：
学习情境 2.3		使用 Kettle 处理数据		
评价项目		评价标准	分值	得分
考勤（20%）		无无故迟到、早退、旷课现象	20	
工作过程 （50%）	Kettle 安装	能正常运行 Kettle 工具	5	
	方案制作	能快速、准确地制订工作方案	5	
	数据处理	能根据方案正确、熟练地处理数据	30	
	工作态度	态度端正，工作认真、主动	5	
	职业素质	能做到安全、文明、合法，爱护环境	5	
项目成果 （30%）	工作完整	能按时完成任务	5	
	工作质量	能按计划完成工作任务	15	
	识读报告	能正确识读并准备成果展示各项报告材料	5	
	成果展示	能准确表达、汇报工作成果	5	
合计			100	

拓展思考

1. 在使用 Kettle 连接数据库时应注意哪些问题？
2. 在使用 Kettle 处理 CSV 文件时应注意哪些问题？
3. 如何根据需求设计转换流程？

单元 3　对数值数据进行分析

数值分析是数据定量分析的重要手段。在前面单元采集到的招聘数据中，对发布时间、招聘薪资、招聘人数进行的分析都是数值分析。

数值分析是高层次应用分析的基础。比如在构建机器学习模型、深度学习模型过程中，都会涉及将原始数据转为数值数据，然后利用标准数学函数、矩阵运算、概率、优化等数学工具对数值进行深度分析，以获得数据的潜在意义。

本单元主要介绍 NumPy 库。该库包含了数组创建、运算及相关的数据函数，是数值分析、数据挖掘领域的重要工具。单元 3 的教学导航如图 3-1 所示。

<table>
<tr><td rowspan="7" style="text-align:center">教学导航</td><td>知识重点</td><td>NumPy的应用</td></tr>
<tr><td>知识难点</td><td>多维矩阵</td></tr>
<tr><td>推荐教学方式</td><td>先了解NumPy的特点，知道其处理的对象是什么。通过熟悉API的方式来学习该框架</td></tr>
<tr><td>建议学时</td><td>8学时</td></tr>
<tr><td>推荐学习方法</td><td>先按教程中的源码做一遍，熟悉该框架，然后再做更复杂的数据分析</td></tr>
<tr><td>必须掌握的理论知识</td><td>多维矩阵</td></tr>
<tr><td>必须掌握的技能</td><td>NumPy数据分析与文件读写</td></tr>
</table>

图 3-1　教学导航

学习情境 3.1　使用 NumPy 创建与索引复杂数据对象

教学导航

学习情境描述

1. 学习情境

NumPy 是著名的机器学习"三剑客"（即 NumPy、Pandas、Matplotlib）的组件之一，主要用于数值分析，是机器学习数据分析的核心部件。尤其是在图像处理业务中，图像数据就是用 NumPy 数组进行表示的。因此，本学习情境主要介绍 NumPy 框架的基本应用。

2. 关键知识点

（1）数组创建。

（2）数据类型。

（3）数据索引。

3. 关键技能点

（1）多维数组创建。

（2）数据索引。

学习目标

1. 掌握一维与多维数组的创建。

2. 掌握数据类型的转换。

3. 掌握如何通过索引查找元素。

任务书

1. 完成通过 NumPy 构造一维与多维数组。

2. 完成数组的查找。

获取信息

引导问题：NumPy 数值分析技术。

1. NumPy 分析的基本对象是什么？

_____

_____

2. 多维数组的表达方式是什么？

_____

_____

工作计划

1. 制订工作方案（见表 3-1）

表 3-1　工作方案

步骤	工作内容
1	
2	
3	
4	
5	
6	
7	
8	

2. 写出此工作方案中数组创建与索引的步骤

---

3. 列出工具清单（见表 3-2）

表 3-2　工具清单

序号	名称	版本	备注

4. 列出技术清单（见表 3-3）

表 3-3　技术清单

序号	名称	版本	备注

进行决策

1. 根据引导、构思、计划等，各自阐述自己的设计方案。
2. 对其他人的设计方案提出自己不同的看法。
3. 教师结合大家完成的情况进行点评，并选出最佳方案。

知识准备

"使用 NumPy 创建与索引复杂数据对象"知识分布如图 3-2 所示。

创建数组

图 3-2 "使用 NumPy 创建与索引复杂数据对象"知识分布

NumPy 是 Python 的一个三方库,需要单独安装,命令如下:

```
pip install numpy
```

NumPy 的主要数据对象是多维数组,这个多维数组的每一个元素都是 Python 列表,数组的维度称为 axes。在数组中,每个列表的数据类型是相同的。与获取普通列表中元素的用法一样,NumPy 数组也通过将非负整数作为下标来索引数据。

这里就多维数组的使用场景举例说明。

例如有一个二维数组,第一个维度有 4 个数据,第二个维度有 4 个数据,合起来就是4 行 4 列数据。

这样的数据经常出现在图像识别的场景中,其中第二个维度上面的第一列数据用来表示数据个数;第二列表示图像高度;第三列表示宽度;第四列表示通道数,彩色图像值为3,灰色图像值为 1。

```
[[ 10., 22., 20., 3.],
[ 20., 11., 12., 3.],
[ 24., 12., 12., 3.],
[ 30., 91., 18., 3.]]
```

NumPy 的数组使用 ndarry 对象表示。ndarry 有如下属性:

● ndim:获取 ndarry 的维度数量。

● itemsize:获取每一个元素的存储空间大小,用字节表示。

● data:获取数组对象的内存地址。

● type:获取数组元素的数据类型。除了 Python 的基础类型之外,NumPy 也提供了自己的数据类型,比如 int32、int16、float64。

● shape:获取数组的形状。注意:该属性非常重要。在后续章节介绍的数据预处理过程中,经常会先观察数组形状,然后调整数组形状,以使数据能满足算法模型的要求。

● size:获取数组中元素的个数。

样例 3-1:输出数组的各个属性值,以了解 ndarry 对象的特性。

```
# -*- coding: utf-8 -*-#
import numpy as np

a_list = [[10., 22., 20., 3.],
```

```
        [20., 11., 12., 3.],
        [24., 12., 12., 3.],
        [30., 91., 18., 3.]]
a_ndarray = np.asarray(a_list)
print("\n 获取数组的维度：\n", a_ndarray.ndim)
print("\n 获取元素存储空间大小：\n", a_ndarray.itemsize)
print("\n 获取数组内存地址：\n", a_ndarray.data)
print("\n 获取数组数据类型：\n", a_ndarray.dtype)
print("\n 获取数组形状：\n", a_ndarray.shape)
print("\n 获取数组元素个数：\n", a_ndarray.size)
```

执行结果如图 3-3 所示。

获取数组的维度：
　2

获取元素存储空间大小：
　8

获取数组内存地址：
　<memory at 0x000001FC84810048>

获取数组数据类型：
　float64

获取数组形状：
　(4，4)

获取数组元素个数：
　16

图 3-3　输出数组的各个属性

创建带默认值的数组

1. 创建数组

样例 3-2：NumPy 提供了多种方式来创建数组，以及复数数组，具体如下：

```
# -*- coding: utf-8 -*-#

import numpy as np

# 调用 array 函数将 Python 列表转为一维数组
a = np.array([12, 31, 34, 8])
print("a 的维度：", a.ndim)
# 调用 array 函数将 Python 列表转为多维数组
b = np.array([(1.5, 2.6, 3.8), (1.4, 2.5, 6)])
print("\nb 的维度：", b.ndim)
# 创建数组时指定数据类型
c = np.array([[11, 12], [32, 41]], dtype=complex)
print("\nc 为复数数组:\n", c)
# 创建值为 0 的数组
```

```
d = np.zeros((2, 3))
print("\nd 所有元素为 0 的数组:\n", d)
# 创建值为 0 的数组
e = np.ones((2, 3))
print("\ne 所有元素为 1 的数组:\n", e)
```

执行结果如图 3-4 所示。

```
a的维度： 1

b的维度： 2

c为复数数组：
 [[11.+0.j 12.+0.j]
 [32.+0.j 41.+0.j]]

d所有元素为0的数组：
 [[0. 0. 0.]
 [0. 0. 0.]]

e所有元素为1的数组：
 [[1. 1. 1.]
 [1. 1. 1.]]
```

图 3-4　创建数组

2. 数据类型及转换

样例 3-3：有时候需要先转换数组的数据类型，然后才能进行下一步操作。在 NumPy 中，转换数据类型需要使用 astype 函数。

```
# -*- coding: utf-8 -*-#
import numpy as np


a = np.array([2.8, 3.6, 5.4])
print("数组 a 的类型：", a.dtype)
b = a.astype(int)
print("转换后的类型：", b.dtype)
```

执行结果如图 3-5 所示。

```
数组a的类型： float64
转换后的类型： int32
```

图 3-5　改变数组类型

3. 数据索引与切片

样例 3-4：如果要访问数组中的某个元素，或者截取数组中的部分元素，就需要用到数组索引与数组切片，具体如以下代码所示。其中，比较难理解的是 ix_ 函数，该函数用于构造复杂索引。样例中代码"np.ix_([0, 1], [2, 3])"表示取第 0 行、第 2 列，到第 1 行、第 3 列这个范围的数据。其中[0, 1]表示行的切片范围，[2, 3]表示列的切片范围。

```
# -*- coding: utf-8 -*-#
import numpy as np

x = [x for x in range(5)]
a = np.asarray(x)
print("一维数组的索引与切片：")
print("原始数据：", a)
print("按下标取值：", a[4])
print("按 2-4 范围切片：", a[2:4])
print("按 2 到全部切片：", a[2:])
print("\n")
print("二维数组的索引与切片：")
y = [[10, 21, 22, 33],
[16, 14, 52, 53],
[21, 24, 26, 93]]
b = np.asarray(y)
print("取第 2 行第 1 列的值：", b[2, 1])
print("取第 1 行之后的所有行和第 1 列的值：", b[1:, 1])
print("取第 1 行的值和第 1 列之后的所有列的值：", b[1, 1:])
print("取第 2 行和所有列：", b[2, :])
print("\n 使用 ix 函数：")
c = np.ix_([0, 1], [2, 3])
d = b[c]
print(d)
```

执行结果如图 3-6 所示。

```
一维数组的索引与切片：
原始数据： [0 1 2 3 4]
按下标取值： 4
按2-4范围切片： [2 3]
按2到全部切片： [2 3 4]


二维数组的索引与切片：
取第2行第1列的值： 24
取第1行之后的所有行和第1列的值： [14 24]
取第1行的值和第1列之后的所有列的值： [14 52 53]
取第2行和所有列： [21 24 26 93]

使用ix函数：
[[22 33]
 [52 53]]
```

图 3-6　数组索引与切片

相关案例

按照本学习情境所涉及的知识面及知识点，本案例将展示如何查看数组形状、大小、切片和对其进行复杂索引，具体代码如下：

```
# -*- coding: utf-8 -*-#
import numpy as np

a = np.array([[1, 2, 3, 4],
[5, 6, 7, 8],
[9, 10, 11, 12]])
print("数组的形状: ", a.shape)
print("\n 数组的维度: ", a.ndim)
print("\n 数组的元素个数: ", a.size)
print("\n 切片：取第 2 到第 3 行，第 1 到第 3 列的数据: \n", a[1:3, 0:3])
print("\n 使用 ix_函数: ")
index = np.ix_([1, 2],
[0, 3])
# [1,2]：限定行的取值范围   [0,3]：限定列的取值范围
# 取 (1,0)=5 (1,3)=8 (2,0)=9  (2,3)=12
b = a[index]
print(b)
```

执行结果如图 3-7 所示。

数组的形状：(3，4)

数组的维度：2

数组的元素个数：12

切片：取第2到第3行，第1到第3列的数据：
[[5 6 7]
 [9 10 11]]

使用ix_函数：
[[5 8]
 [9 12]]

图 3-7　分析 NumPy 数组

工作实施

按照制订的最佳实施方案进行项目开发，填充相应的工作流程内容。

评价反馈

各自完成学习情境的开发并展示作品，介绍任务的完成过程。作品展示前应准备阐述材料，并完成评价表 3-4、表 3-5、表 3-6。

1. 学生进行自我评价。

表 3-4　学生自评表

班级：		姓名：	学号：	
学习情境 3.1	使用 NumPy 创建与索引复杂数据对象			
评价项目	评价标准		分值	得分
数组对象	能创建一维数组与多维数组		10	
数据类型	能对数组进行类型转换		10	
数组索引	能对数组进行各种方式的索引，并观察不同索引得到的结果		20	
方案制作	能快速、准确地制订工作方案		20	
项目开发能力	根据项目开发进度及应用状态评价开发能力		20	
工作质量	根据项目开发过程及成果评定工作质量		20	
合计			100	

2. 学生展示过程中，以个人为单位，对以上学习情境的结果进行互评。

表 3-5　学生互评表

学习情境 3.1		使用 NumPy 创建与索引复杂数据对象							评价对象			
评价项目	分值	等级							1	2	3	4
计划合理	10	优	10	良	9	中	8	差	6				
方案准确	10	优	10	良	9	中	8	差	6				
工作质量	20	优	20	良	18	中	15	差	12				
工作效率	15	优	15	良	13	中	11	差	9				
工作完整	10	优	10	良	9	中	8	差	6				
工作规范	10	优	10	良	9	中	8	差	6				
识读报告	10	优	10	良	9	中	8	差	6				
成果展示	15	优	15	良	13	中	11	差	9				
合计	100												

3. 教师对学生的工作过程和工作结果进行评价。

表 3-6　教师综合评价表

班级：		姓名：		学号：	
学习情境 3.1		使用 NumPy 创建与索引复杂数据对象			
评价项目		评价标准		分值	得分
考勤（20%）		无无故迟到、早退、旷课现象		20	
工作 过程 (50%)	数组对象	能正确、熟练创建一维与多维数组		5	
	数据索引	能根据不同的方式对数组进行索引		15	
	方案制作	能快速、准确地制订工作方案		20	
	工作态度	态度端正，工作认真、主动		5	
	职业素质	能做到安全、文明、合法，爱护环境		5	
项目 成果 (30%)	工作完整	能按时完成任务		5	
	工作质量	能按计划完成工作任务		15	
	识读报告	能正确识读并准备成果展示各项报告材料		5	
	成果展示	能准确表达、汇报工作成果		5	
合计				100	

拓展思考

1. NumPy 适用的场景有哪些？
2. 一维与多维数组的区别是什么？
3. 如何解读多维数组的含义？
4. 如何对多维数组进行切片？

学习情境 3.2　对招聘数据的数组进行形态变换

学习情境描述

1. 学习情境

在对数据进行分析的时候，不同的神经网络接收到的数据的形态是不一样的。因此，为了能将数据顺利放入模型中，就需要改变数据的形态。本学习情境主要介绍如何改变 NumPy 数组的形态。

2. 关键知识点

（1）形态变化。

（2）数组堆叠。

（3）数组拆分。

3. 关键技能点

（1）形态变化。

（2）数组拆分。

学习目标

1. 能对数组的形态进行调整。
2. 能对数组进行堆叠。
3. 能对数组进行拆分。

任 务 书

1. 完成数组形态改变的操作。
2. 完成数组堆叠的操作。
3. 完成数组拆分的操作。

获取信息

引导问题：数组形态调整。

1. 如何调整数组的形态？

_____

_____

2. 在哪些应用场景下需要对形态进行调整？

_____

_____

_____

工作计划

1. 制订工作方案（见表 3-7）

表 3-7　工作方案

步骤	工作内容
1	
2	
3	
4	
5	
6	
7	
8	

2. 写出此工作方案中调整数组形态的开发步骤

_____

_____

_____

3. 列出工具清单（见表 3-8）

表 3-8　工具清单

序号	名称	版本	备注

4. 列出技术清单（见表 3-9）

表 3-9　技术清单

序号	名称	版本	备注

进行决策

1. 根据引导、构思、计划等，各自阐述自己的设计方案。
2. 对其他人的设计方案提出自己不同的看法。
3. 教师结合大家完成的情况进行点评，并选出最佳方案。

_____

_____

_____

_____

_____

知识准备

"对招聘数据的数组进行形态变换"知识分布如图 3-8 所示。

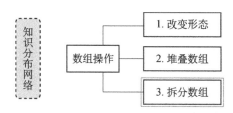

图 3-8 "对招聘数据的数组进行形态变换"知识分布

1. 改变形态

样例 3-5：改变数组的形态有多种方式。使用 ravel 函数可以将数组拉平为一维数组；使用 reshape 函数可以修改数组的行列结构，甚至可以将二维数组转为三维数组；T 表示转秩；resize 表示改变对应维度上列表的大小。

改变形态

```python
# -*- coding: utf-8 -*-#
import numpy as np

a = np.asarray([[10, 21, 22, 33],
[16, 14, 52, 53],
[21, 24, 26, 93]])
print("原始数据形态：", a.shape)
b = a.ravel()
print("\n 转为一维数组：", b)
print("转换后的形态：", b.shape)
print()
c = a.reshape(3, 4)
print("改变数组形态为 3 行 4 列：\n", c)
print()
c = a.T
print("原始数据转秩：\n", c)
print("原始数据转秩后的形态：", a.T.shape)
print()
a.resize((2, 6))
print("将数组转为 2 行 6 列：\n", a)
print("\n 将数组转为 4 行任意列：\n", a.reshape(4, -1))
```

执行结果如图 3-9 所示。

原始数据形状：(3, 4)

转为一维数组：[10 21 22 33 16 14 52 53 21 24 26 93]
转换后的形状：(12,)

改变数组形状为3行4列：
[[10 21 22 33]
 [16 14 52 53]
 [21 24 26 93]]

原始数据转秩：
[[10 16 21]
 [21 14 24]
 [22 52 26]
 [33 53 93]]
原始数据转秩后的形状：(4, 3)

将数组转为2行6列：
[[10 21 22 33 16 14]
 [52 53 21 24 26 93]]

将数组转为4行任意列：
[[10 21 22]
 [33 16 14]
 [52 53 21]
 [24 26 93]]

图 3-9　修改数组形态

2. 堆叠数组

样例 3-6：堆叠数组有 4 种方式，分别为垂直堆叠、水平堆叠、列堆叠、行堆叠。其中，垂直堆叠与行堆叠是通过同一个函数实现的；水平堆叠与列堆叠虽然通过不同函数实现，但是堆叠效果是一致的。

堆叠与拆分

```
# -*- coding: utf-8 -*-#
import numpy as np
a = np.asarray([[10, 21, 22],
[16, 14, 52]])
b = np.asarray([[20, 28, 36],
[21, 24, 26]])
print("垂直堆叠: ")
c = np.vstack((a, b))
print(c)
print()
print("水平堆叠: ")
d = np.hstack((a, b))
print(d)
print()
print("列堆叠: ")
e = np.column_stack((a, b))
print(e)
print()
```

执行结果如图 3-10 所示。

垂直堆叠:
```
[[10 21 22]
 [16 14 52]
 [20 28 36]
 [21 24 26]]
```

水平堆叠:
```
[[10 21 22 20 28 36]
 [16 14 52 21 24 26]]
```

列堆叠:
```
[[10 21 22 20 28 36]
 [16 14 52 21 24 26]]
```

图 3-10 数组堆叠

3. 拆分数组

样例 3-7:调用 hsplit 函数,可以从水平方向上对数组进行拆分。参数 3 表示将数组拆分为 3 个。

```
# -*- coding: utf-8 -*-#
import numpy as np
a = np.asarray([[10, 21, 22, 16, 14, 52],
[20, 28, 36, 21, 24, 26]])
print("拆分为 3 个二维数组:")
b = np.hsplit(a, 3)
for i in b:
print(i, "\n")
```

执行结果如图 3-11 所示。

拆分为3个二维数组:
```
[[10 21]
 [20 28]]

[[22 16]
 [36 21]]

[[14 52]
 [24 26]]
```

图 3-11 数组拆分

相关案例

按照本学习情境所涉及的知识面及知识点,本案例将展示如何对招聘数据进行聚合拆分。

具体代码如下,a1 和 a2 是两个数组,但描述的是同一条数据。因此,可以将 a1 和 a2

按水平方式堆叠。同理，b1 和 b2 也按水平堆叠。最后将两份堆叠的结果进行垂直堆叠，形成一个完整的数据集。

```
# -*- coding: utf-8 -*-#
import numpy as np

a1 = np.asarray(["重庆A公司", "大数据分析", "10000"])
a2 = np.asarray(["观音桥", "2022年-5月"])
b1 = np.asarray(["杭州B公司", "前端", "20000"])
b2 = np.asarray(["西湖", "2022年-4月"])

print("水平堆叠: ")
c1 = np.hstack((a1, a2))
print(c1)
c2 = np.hstack((b1, b2))
print(c2)
print()
print("垂直堆叠: ")
d = np.vstack((c1, c2))
print(d)
```

执行结果如图 3-12 所示。

```
水平堆叠:
['重庆A公司' '大数据分析' '10000' '观音桥' '2022年-5月']
['杭州B公司' '前端' '20000' '西湖' '2022年-4月']

垂直堆叠:
[['重庆A公司' '大数据分析' '10000' '观音桥' '2022年-5月']
 ['杭州B公司' '前端' '20000' '西湖' '2022年-4月']]
```

图 3-12　数据水平与垂直堆叠

工作实施

按照制订的最佳实施方案进行项目开发，填充相应的工作流程内容。

评价反馈

各自完成学习情境的开发并展示作品，介绍任务的完成过程。作品展示前应准备阐述材料，并完成评价表 3-10、表 3-11、表 3-12。

1. 学生进行自我评价。

表 3-10 学生自评表

班级：		姓名：		学号：
学习情境 3.2	对招聘数据的数组进行形态变换			
评价项目	评价标准		分值	得分
改变数组形态	能熟练使用相关 API 改变数组形态		10	
堆叠数组	能熟练使用相关 API 进行数组堆叠		10	
拆分数组	能熟练使用相关 API 进行数组拆分		10	
方案制作	能快速、准确地制订工作方案		30	
项目开发能力	根据项目开发进度及应用状态评价开发能力		20	
工作质量	根据项目开发过程及成果评定工作质量		20	
合计			100	

2. 学生展示过程中，以个人为单位，对以上学习情境的结果进行互评。

表 3-11 学生互评表

学习情境 3.2		对招聘数据的数组进行形态变换										
评价项目	分值	等级								评价对象			
									1	2	3	4
计划合理	10	优	10	良	9	中	8	差	6				
方案准确	10	优	10	良	9	中	8	差	6				
工作质量	20	优	20	良	18	中	15	差	12				
工作效率	15	优	15	良	13	中	11	差	9				
工作完整	10	优	10	良	9	中	8	差	6				
工作规范	10	优	10	良	9	中	8	差	6				
识读报告	10	优	10	良	9	中	8	差	6				
成果展示	15	优	15	良	13	中	11	差	9				
合计	100												

3. 教师对学生的工作过程和工作结果进行评价。

表 3-12　教师综合评价表

班级:		姓名:		学号:
学习情境 3.2		对招聘数据的数组进行形态变换		
评价项目		评价标准	分值	得分
考勤（20%）		无无故迟到、早退、旷课现象	20	
工作过程 （50%）	改变数组形态	能正确、熟练使用相关 API 修改数组形态	10	
	数组堆叠与拆分	能正确、熟练使用相关 API 对数组进行堆叠与拆分	15	
	方案制作	能快速、准确地制订工作方案	15	
	工作态度	态度端正，工作认真、主动	5	
	职业素质	能做到安全、文明、合法，爱护环境	5	
项目成果 （30%）	工作完整	能按时完成任务	5	
	工作质量	能按计划完成工作任务	15	
	识读报告	能正确识读并准备成果展示各项报告材料	5	
	成果展示	能准确表达、汇报工作成果	5	
合计			100	

拓展思考

1. 如何对多维数组进行形态改变？
2. 降低数组的维度对数组乘法操作有什么影响？

学习情境 3.3　读写招聘信息数据集

学习情境描述

1. 学习情境

使用 NumPy 进行数据分析后，需要将结果进行持久化处理。因此，本学习情境主要介绍如何使用 NumPy 对文件进行读写。

2. 关键知识点

NumPy 文件读写。

3. 关键技能点

NumPy 文件读写。

学习目标

掌握文件读写的操作。

任 务 书

完成文件读写的操作。

获取信息

引导问题：NumPy 文件读写。

1. NumPy 支持哪几种文件读写方式？

_____

_____

2. NumPy 保存 CSV 文件时应注意哪些问题？

_____

_____

工作计划

1. 制订工作方案（见表 3-13）

表 3-13　工作方案

步骤	工作内容
1	
2	
3	
4	
5	
6	
7	
8	

2. 写出此工作方案中文件读写的开发步骤

_____

_____

3. 列出工具清单（见表 3-14）

表 3-14　工具清单

序号	名称	版本	备注

4. 列出技术清单（见表 3-15）

表 3-15 技术清单

序号	名称	版本	备注

进行决策

1. 根据引导、构思、计划等，各自阐述自己的设计方案。
2. 对其他人的设计方案提出自己不同的看法。
3. 教师结合大家完成的情况进行点评，并选出最佳方案。

_____

_____

_____

_____

知识准备

"读写招聘信息数据集"知识分布如图 3-13 所示。

图 3-13 "读写招聘信息数据集"知识分布

读写文件

1. 读写 CSV/TXT 文本文件

样例 3-8：演示如何将数组写入 CSV 文件并从 CSV 文件中加载数据。读写 CSV/TXT 文件时需注意，只能保存一维或二维数组，因为维度过高程序将触发异常。

```
# -*- coding: utf-8 -*-#
import numpy as np

a = np.asarray([[10, 21, 22, 33],
[16, 14, 52, 53]])
```

```
file = 'a.csv'
# 保存为 CSV 文件
np.savetxt(file, a, fmt='%d', delimiter=',')
# 读取 CSV 文件
b = np.loadtxt(file, dtype=np.int32, delimiter=',')
print(b)
```

2. 读写 NPY/NPZ 文本文件

样例 3-9：演示如何将数组写入 NPZ 文件并从 NPZ 文件中加载数据。NPZ 文件与 CSV 等普通文本文件的存储方式不一样。NPZ 文件可以同时存储多个数组，CSV 文件一次只能存储一个。此外，NPZ 文件支持存储多维数组，而 CSV 则不行。

```
# -*- coding: utf-8 -*-#
import numpy as np

a = np.asarray([[[10, 21, 22, 33]],
[[16, 14, 52, 53]],
[[12, 11, 32, 33]]])
b = np.asarray([[10, 21, 22, 33],
[16, 14, 52, 53]])
file = 'a.npz'
np.savez(file, key1=a, key2=b)
c = np.load(file)
for i in c.keys():
print("键为: ", i)
print("对应的数组为: \n", c[i])
print()
```

3. 读写 HDF5 文本文件

读写 HDF5 文件

样例 3-10：演示如何将数组写入 HDF5 文件并从 HDF5 文件中加载数据。h5py 写入与读取文件都调用 File 函数实现，使用参数'w'（写）和'r'（读）进行控制。相较于 NPZ、CSV，当数组较大时，使用 h5py 存储文件更适合，因为保存的文件体积更小。

```
# -*- coding: utf-8 -*-#
import h5py
import numpy as np

a = np.asarray([[[10, 21, 22, 33]],
[[16, 14, 52, 53]],
[[12, 11, 32, 33]]])
b = np.asarray([[10, 21, 22, 33],
[16, 14, 52, 53]])

file = 'a.h5'
```

```
h5 = h5py.File(file, 'w')
h5.create_dataset('key1', data=a)
h5.create_dataset('key2', data=b)
h5.close()
h5 = h5py.File(file, 'r')
for i in h5:
print("键为: ", i)
print("对应的数组为: \n", h5[i][:])
print()
```

相关案例

按照本学习情景所涉及的知识面及知识点，完成对招聘数据信息文件的读写。

具体代码如下，首先从 job_info.csv 文件中加载数据，获取原始招聘数据信息；然后将内存中的数组 a 与加载的数据进行堆叠，并将合并后的数据写入 h5 文件中，完成招聘数据信息的整合。

```
# -*- coding: utf-8 -*-#
import h5py
import numpy as np

a = np.asarray([10007, 60010001, 400000])
file = r"job_info.csv"
b = np.loadtxt(file, dtype=np.int32, delimiter=',')
print("加载招聘数据，第一列为岗位编号，第二列为公司编号，第三列为邮编")
c = np.vstack((a, b))
file = r"job_info.h5"
# 写入 h5 文件
h5 = h5py.File(file, 'w')
h5.create_dataset('key1', data=c)
h5 = h5py.File(file, 'r')
print("\n 从 h5 文件加载合并后的数据: \n", h5["key1"][:])
```

执行结果如图 3-14 所示。

```
加载招聘数据，第一列为岗位编号，第二列为公司编号，第三列为邮编

从h5文件加载合并后的数据:
[[   10007 60010001    400000]
 [   10001 50010001    610000]
 [   10001 50010001    610000]
 [   10002 50010002    610000]
 [   10003 50010003    610000]
 [   10004 50010004    610000]
 [   10005 50010005    610000]
 [   10006 50010006    610000]]
```

图 3-14 整合招聘信息

工作实施

按照制订的最佳实施方案进行项目开发，填充相应的工作流程内容。

评价反馈

各自完成学习情境的开发并展示作品，介绍任务的完成过程。作品展示前应准备阐述材料，并完成评价表 3-16、表 3-17、表 3-18。

1. 学生进行自我评价。

表 3-16　学生自评表

班级：	姓名：		学号：	
学习情境 3.3	读写招聘信息数据集			
评价项目	评价标准		分值	得分
读写 CSV 文件	能熟练读写 CSV 文件		5	
读写 NPZ 文件	能熟练读写 NPZ 文件		20	
读写 HDF5 文件	能熟练读写 HDF5 文件		20	
方案制作	能快速、准确地制订工作方案		15	
项目开发能力	根据项目开发进度及应用状态评价开发能力		20	
工作质量	根据项目开发过程及成果评定工作质量		20	
合计			100	

2. 学生展示过程中，以个人为单位，对以上学习情境的结果进行互评。

表 3-17　学生互评表

学习情境 3.3		读写招聘信息数据集									
评价项目	分值	等级						评价对象			
								1	2	3	4
计划合理	10	优	10	良	9	中	8	差	6		
方案准确	10	优	10	良	9	中	8	差	6		
工作质量	20	优	20	良	18	中	15	差	12		

（续表）

学习情境 3.3								读写招聘信息数据集				
工作效率	15	优	15	良	13	中	11	差	9			
工作完整	10	优	10	良	9	中	8	差	6			
工作规范	10	优	10	良	9	中	8	差	6			
识读报告	10	优	10	良	9	中	8	差	6			
成果展示	15	优	15	良	13	中	11	差	9			
合计	100											

3. 教师对学生的工作过程和工作结果进行评价。

表 3-18　教师综合评价表

班级：		姓名：		学号：
学习情境 3.3		读写招聘信息数据集		
评价项目		评价标准	分值	得分
考勤 (20%)		无无故迟到、早退、旷课现象	20	
工作过程 (50%)	读写 NPZ 文件	能熟练读写 NPZ 文件	10	
	读写 HDF5 文件	能熟练读写 HDF5 文件，并理解与其他文件存储方式的区别	10	
	方案制作	能快速、准确地制订工作方案	20	
	工作态度	态度端正，工作认真、主动	5	
	职业素质	能做到安全、文明、合法、爱护环境	5	
项目成果 (30%)	工作完整	能按时完成任务	5	
	工作质量	能按计划完成工作任务	15	
	识读报告	能正确识读并准备成果展示各项报告材料	5	
	成果展示	能准确表达、汇报工作成果	5	
合计			100	

拓展思考

1. 从文件中加载数据，并将数据转为数组的过程中需要注意什么问题？
2. 多维数组之间的乘法需要注意什么问题？

单元4 对数据进行统计及对相关性进行分析

数据采集、数据清洗等操作的最终目的都是为了能从数据集中得到一个结果，通过这个结果，用户能够了解数据的分布、发展趋势；而决策者能够通过这些数据，有的放矢地制定规则，合理调整与引导业务的发展方向。

本单元主要介绍 Pandas 库。NumPy 库实现了数值数组运算、读写文件。Pandas 则实现了更为高级的功能，比如支持不同数据类型的数组运算，同时读写文件和数据库，并且还实现了各种分析统计的功能。单元 4 教学导航如图 4-1 所示。

<table>
<tr><td rowspan="7">教学导航</td><td>知识重点</td><td>1. Pandas读取数据
2. Pandas数据统计分析</td></tr>
<tr><td>知识难点</td><td>Pandas不同场景下的统计方式</td></tr>
<tr><td>推荐教学方式</td><td>先了解数据统计的需求，知道统计的对象是什么，再通过熟悉API的方式来学习该框架</td></tr>
<tr><td>建议学时</td><td>10学时</td></tr>
<tr><td>推荐学习方法</td><td>先按教程中的步骤做一遍，培养对框架的基本认识，然后再做更复杂的数据分析</td></tr>
<tr><td>必须掌握的理论知识</td><td>Pandas数据框的概念与特点</td></tr>
<tr><td>必须掌握的技能</td><td>Pandas统计方式</td></tr>
</table>

图 4-1　教学导航

学习情境 4.1　使用 Pandas 访问不同的数据源

教学导航

学习情境描述

1. 学习情境

Pandas 是机器学习"三剑客"之一，包含了丰富的数据统计分析函数，对多种数据源的支持良好，比如 MySQL、PostgreSQL 等。因此本学习情境主要介绍如何使用 Pandas 读取不同数据源的数据。

2. 关键知识点

（1）Pandas 读写文件。

（2）读写数据库。

3. 关键技能点

（1）数据同步。

（2）读写数据库。

学习目标

1. 掌握使用 Pandas 读写文件。

2. 掌握使用 Pandas 读写数据库。

任 务 书

1. 完成通过使用 Pandas 工具读取 CSV 数据并存入 Excel。

2. 完成通过使用 Pandas 工具读取 MySQL 数据并存入 PostgreSQL。

获取信息

引导问题：Pandas 访问数据源。

1. Pandas 是什么？

_____

_____

2. Pandas 支持哪些数据源？

_____

_____

工作计划

1. 制订工作方案（见表 4-1）

表 4-1　工作方案

步骤	工作内容
1	
2	
3	
4	
5	
6	
7	
8	

2. 写出此工作方案中数据加载的步骤

_____

_____

_____

3. 列出工具清单（见表 4-2）

表 4-2　工具清单

序号	名称	版本	备注

4. 列出技术清单（见表 4-3）

表 4-3　技术清单

序号	名称	版本	备注

进行决策

1. 根据引导、构思、计划等，各自阐述自己的设计方案。
2. 对其他人的设计方案提出自己不同的看法。
3. 教师结合大家完成的情况进行点评，并选出最佳方案。

_____

_____

_____

_____

知识准备

"使用 Pandas 访问不同的数据源"知识分布,如图 4-2 所示。

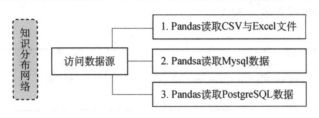

读取 CSV 和 Excel
文件

图 4-2 "使用 Pandas 访问不同的数据源"知识分布

1. Pandas 读取 CSV 与 Excel 文件

样例 4-1:演示 Pandas 如何读取 CSV 和 Excel 文件的内容,然后保存到其他 CSV 和 Excel 文件中。

读写 Excel 需要安装 Pandas 与 openpyxl 模块,命令如下:

```
pip install pandas
pip install openpyxl
```

注意,读写文件的函数名称都是成对出现的。比如读 CSV 文件,函数名称是 read_csv;写 CSV 文件,函数名称就是 to_csv。Excel 文件操作同理。

```python
# -*- coding: utf-8 -*-#

import pandas as pd

file_path = r'job_info.csv'
job_info = pd.read_table(file_path, sep=',', encoding='gbk')
print('job_info.csv 文件数据行数为: ', len(job_info))

file_path = r'jobs.xlsx'
jobs = pd.read_excel(file_path)
print('jobs.xlsx 文件数据行数为: ', len(jobs))

job_info.to_csv('job_info_copy.csv', sep='|', index=False)
jobs.to_excel('jobs_copy.xlsx')
```

执行结果如图 4-3 所示。

```
job_info.csv文件数据行数为: 10
jobs.xlsx文件数据行数为: 6
```

图 4-3 读取文件

2. Pandas 读取 MySQL 数据

读取 MySQL 数据

样例 4-2:为了保证数据的安全与访问效率,很多数据都是存放在 MySQL 数据库中的。

本样例将展示如何读写 MySQL 数据。在执行本样例之前，需要先创建 test 数据库，然后执行随书源码下的 jobs.sql 文件初始化数据。

读写 MySQL 的具体代码如下：

```
# -*- coding: utf-8 -*-#
from sqlalchemy import create_engine
import pandas as pd

engine = create_engine('mysql+pymysql://root:root@localhost:3307/test?charset=utf8')

jobs = pd.read_sql_table('jobs', con=engine)
print('jobs表数据行数:', len(jobs))

jobs.to_sql('jobs1', con=engine, index=False, if_exists='replace')
tables = pd.read_sql_query('show tables', con=engine)
print('写入数据库后 test 的表为: ', '\n', tables)
```

执行结果如图 4-4 所示。

jobs表数据行数：14
写入数据库后test的表为：
```
    Tables_in_test
0            jobs
1           jobs1
```

图 4-4　读写 MySQL

读取 PostgreSQL 数据

3. Pandas 读取 PostgreSQL 数据

现在，很多互联网公司都在转基于 PostgreSQL 存储的数据架构。因此，很多时候需要直接分析 PostgreSQL 数据库中的数据。

样例 4-3：演示如何读写 PostgreSQL 数据库，具体代码如下：

```
# -*- coding: utf-8 -*-#
import psycopg2
from sqlalchemy import create_engine
import pandas as pd

engine = create_engine('postgresql+psycopg2://postgres:postgre@localhost:5432/postgres',encoding='utf-8')

users = pd.read_sql_table('user', con=engine)
print('users 表数据行数:', len(users))
```

```
users.to_sql('users1', con=engine, index=False, if_exists='replace')

tables = pd.read_sql_query("select * from pg_tables where schemaname=
'public'", con=engine)
print('写入数据库后postgres的表为: ', '\n', tables)
```

执行结果如图4-5所示。

```
users表数据行数: 6
写入数据库后postgres的表为 :
    schemaname      tablename  tableowner  ...  hasrules  hastriggers  rowsecurity
0       public           user    postgres  ...     False        False        False
1       public         users1    postgres  ...     False        False        False
2       public   user_job_log    postgres  ...     False        False        False
```

图 4-5　读写 PostgreSQL 数据库

相关案例

　　按照本学习情景所涉及的知识面及知识点，本案例将展示如何使用 Pandas 实现 MySQL 与 PostgreSQL 之间的数据同步，具体代码如下：

读写 PostgreSQL 数据库

```
# -*- coding: utf-8 -*-#

import psycopg2
from sqlalchemy import create_engine
import pandas as pd

mysql_engine                                                                =
create_engine('mysql+pymysql://root:root@localhost:3307/test?charset=utf8')

jobs = pd.read_sql_table('jobs', con=mysql_engine)

pg_engine                                                                   =
create_engine('postgresql+psycopg2://postgres:postgre@localhost:5432/postgre
s', encoding='utf-8')
jobs.to_sql('pg_jobs', con=pg_engine, index=False, if_exists='replace')
pg_jobs = pd.read_sql_query("select * from pg_jobs", con=pg_engine)
print('PG的数据为:', jobs)
```

执行结果如图4-6所示。

```
PG的数据为:
      user_id   job_id   type_id   month   day   count   province
0        16     51942       654      10     25       5       澳门
1        16     64543      8235      10     25       1       江苏
2        16     64543      8235      10     25       4       山东
3        16     64543      8235      10     25       4       甘肃
4        16     64543      8235      10     25       4       香港
5        16     64543      8235      10     25       5       河南
6        16     64543      8235      10     25       6       安徽
7        16     64543      8235      10     25      12       新疆
8        16     83910      5505      11     11       7       台湾
9        16    140170      2890      11     11       6       内蒙古
10       16    159165       277      11     11      12       湖北
11       16    188320       625      11     11       6       香港
12       16    197311      6460      11     11       2       北京市
13       16    218217      4277       9     14      12       上海市
```

图 4-6　数据迁移

工作实施

按照制订的最佳实施方案进行项目开发，填充相应的工作流程内容。

评价反馈

各自完成学习情境的开发并展示作品，介绍任务的完成过程。作品展示前应准备阐述材料，并完成评价表 4-4、表 4-5、表 4-6。

1. 学生进行自我评价。

表 4-4　学生自评表

班级：		姓名：		学号：	
学习情境 4.1	使用 Pandas 访问不同的数据源				
评价项目	评价标准			分值	得分
读写文本文件	能熟练使用 Pandas 读写文件			10	
读写 MySQL	能熟练使用 Pandas 读写 MySQL			10	
读写 PostgreSQL	能熟练使用 Pandas 读写 PostgreSQL			20	

（续表）

班级：		姓名：	学号：	
方案制作	能快速、准确地制订工作方案		20	
项目开发能力	根据项目开发进度及应用状态评论开发能力		20	
工作质量	根据项目开发过程及成果评定工作质量		20	
合计			100	

2. 学生展示过程中，以个人为单位，对以上学习情境的结果进行互评。

表 4-5　学生互评表

学习情境 4.1									使用 Pandas 访问不同的数据源				
评价项目	分值	等级								评价对象			
									1	2	3	4
计划合理	10	优	10	良	9	中	8	差	6				
方案准确	10	优	10	良	9	中	8	差	6				
工作质量	20	优	20	良	18	中	15	差	12				
工作效率	15	优	15	良	13	中	11	差	9				
工作完整	10	优	10	良	9	中	8	差	6				
工作规范	10	优	10	良	9	中	8	差	6				
识读报告	10	优	10	良	9	中	8	差	6				
成果展示	15	优	15	良	13	中	11	差	9				
合计	100												

3. 教师对学生的工作过程和工作结果进行评价。

表 4-6　教师综合评价表

班级：		姓名：	学号：	
学习情境 4.1		使用 Pandas 访问不同的数据源		
评价项目		评价标准	分值	得分
考勤 (20%)		无无故迟到、早退、旷课现象	20	
工作过程(50%)	读写文件	能熟练读写文本文件	5	
	读写数据库	能熟练读写数据库	15	
	方案制作	能快速、准确地制订工作方案	20	
	工作态度	态度端正，工作认真、主动	5	
	职业素质	能做到安全、文明、合法，爱护环境	5	
项目成果(30%)	工作完整	能按时完成任务	5	
	工作质量	能按计划完成工作任务	15	
	识读报告	能正确识读并准备成果展示各项报告材料	5	
	成果展示	能准确表达、汇报工作成果	5	
合计			100	

拓展思考

1. 除本节介绍的数据源外，Pandas 还支持哪些数据源？
2. 与 NumPy 相比，Pandas 的数据对象有哪些特点？

学习情境 4.2　使用 Pandas 进行数据处理

学习情境描述

1. 学习情境

Pandas 具有丰富的 API，可以对数据进行清洗、转换。对于复杂的逻辑，还支持自定义函数。本学习情境主要介绍在分析招聘数据时，如何使用 Pandas 来对数据进行删除、修改等。

2. 关键知识点

（1）数据插值、删除、修改、过滤。

（2）自定义函数。

3. 关键技能点

自定义函数。

学习目标

1. 掌握如何删除、过滤数据。
2. 掌握如何修改、替换、插入数据。
3. 掌握如何使用自定义函数。

任 务 书

1. 完成数据的分析。
2. 完成数据的处理。

获取信息

引导问题：数据处理的工具。

1. 数据处理的工具都有哪些？

_____

_____

2. Dataframe 数据对象的特点是什么？

_____

_____

工作计划

1. 制订工作方案（见表 4-7）

表 4-7　工作方案

步骤	工作内容
1	
2	
3	
4	
5	
6	
7	
8	

2. 写出此工作方案中数据处理的开发步骤

_____

_____

_____

3. 列出工具清单（见表 4-8）

表 4-8　工具清单

序号	名称	版本	备注

4. 列出技术清单（见表 4-9）

表 4-9　技术清单

序号	名称	版本	备注

进行决策

1. 根据引导、构思、计划等，各自阐述自己的设计方案。
2. 对其他人的设计方案提出自己不同的看法。
3. 教师结合大家完成的情况进行点评，并选出最佳方案。

_____

_____

_____

_____

知识准备

"使用 Pandas 进行数据处理"知识分布如图 4-7 所示。

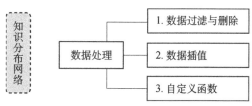

过滤数据

删除数据

图 4-7　"使用 Pandas 进行数据处理"知识分布

1. 数据过滤与删除

样例 4-4：演示如何过滤与删除数据。

```
# -*- coding: utf-8 -*-#

import pandas as pd
from sqlalchemy import create_engine

engine                                                                    =
create_engine('mysql+pymysql://root:root@localhost:3307/test?charset=utf8')

jobs = pd.read_sql_table('jobs', con=engine)
print("过滤前的数据长度：", len(jobs))
filter_jobs = jobs[(jobs['count'] == 5) & (jobs['province'] == '河南')]
print("过滤后的数据长度：", len(filter_jobs))
print()
print('删除前 jobs 表的列索引为：', '\n', jobs.columns)
jobs.drop(labels='job_id', axis=1, inplace=True)
print('删除后 jobs 表的列索引为：', '\n', jobs.columns)

print('删除前 jobs 的长度为：', len(jobs))
jobs.drop(labels=range(0, 5), axis=0, inplace=True)
```

```
print('删除前jobs的长度为：', len(jobs))
```

执行结果如图 4-8 所示。

```
过滤前的数据长度： 14
过滤后的数据长度： 1

删除前jobs表的列索引为：
 Index(['user_id', 'job_id', 'type_id', 'month', 'day', 'count', 'province'], dtype='object')
删除后jobs表的列索引为：
 Index(['user_id', 'type_id', 'month', 'day', 'count', 'province'], dtype='object')
删除前jobs的长度为： 14
删除前jobs的长度为： 9
```

图 4-8　过滤与删除数据

2. 数据插值

样例 4-5：演示两种插值方式：一种是调用 fillna 函数对序列或 Dataframe 使用统一的值进行插入；另一种是调用 interpolate 函数，先按一定的规则生成数据，然后插入。比如本样例中采用的就是线性插入。

数据插值

```python
# -*- coding: utf-8 -*-#

import pandas as pd
import numpy as np

series = pd.Series([1, np.nan, 33, np.nan, np.nan, 5])
print("填充值前：\n", series)
series.fillna(1.0, inplace=True)
print("\n 填充值后：\n", series)


df = pd.DataFrame()
df['val'] = [1, 2, np.nan, 6.1, np.nan, np.nan]
df['val'] = df['val'].interpolate(method='linear')
print("\n 线性插值：\n", df)
```

执行结果如图 4-9 所示。

```
填充值前：          填充值后：          线性插值：
 0    1.0        0    1.0                 val
 1    NaN        1    1.0          0   1.00
 2   33.0        2   33.0          1   2.00
 3    NaN        3    1.0          2   4.05
 4    NaN        4    1.0          3   6.10
 5    5.0        5    5.0          4   6.10
dtype: float64   dtype: float64   5   6.10
```

图 4-9　插入数据后的序列与 Dataframe

3. 自定义函数

根据处理的粒度不同，Pandas 的自定义函数提供了对应的支持。比如可以针对 Dataframe 中的每一个元素值进行处理，也可以针对行或列进行处理。

样例 4-6：使用 applymap 函数对每一个元素进行处理，比如将"工资"列的数据除以 10000 然后加上单位。

```
# -*- coding: utf-8 -*-#
import pandas as pd

series = {"address": pd.Series(["上海", "成都", "西永", "重庆", "深圳", "上海"]),
    "salary": pd.Series([10000, 6000, 2500, 8000, 67000, 15000])}
df = pd.DataFrame(series)
def f(item):
if isinstance(item, int):
return str((item / 10000)) + "万"
return item

newDf = df.applymap(f)
print(newDf)
```

执行结果如图 4-10 所示。

```
   address salary
0     上海   1.0万
1     成都   0.6万
2     西永   0.25万
3     重庆   0.8万
4     深圳   6.7万
5     上海   1.5万
```

图 4-10　使用自定义函数处理数据

样例 4-7：演示如何对整个列的数据进行处理。根据以下代码，给"地址"列的数据添加前缀，转换"工资"列数据的单位。

```
# -*- coding: utf-8 -*-#
import pandas as pd

series = {"address": pd.Series(["上海", "成都", "西永", "重庆", "深圳", "上海"]),
    "salary": pd.Series([10000, 6000, 2500, 8000, 67000, 15000])}
df = pd.DataFrame(series)

def f(item, param):
item["salary"] = str(item["salary"] / param) + "十万"
item["address"] = "工作地: " + item["address"]
```

```
    return item

newDf = df.apply(f, axis=1, args=(100000,))
print(newDf)
```

执行结果如图 4-11 所示。

```
        address     salary
0   工作地：上海     0.1十万
1   工作地：成都     0.06十万
2   工作地：西永    0.025十万
3   工作地：重庆     0.08十万
4   工作地：深圳     0.67十万
5   工作地：上海     0.15十万
```

图 4-11   对数据列进行处理

相关案例

按照本学习情景所涉及的知识面及知识点，本案例将演示如何对招聘数据信息进行处理。

如以下代码，首先读取 jobs.xlsx 中的内容。由于文件中"访问时间"列的数据格式不一致，因此这里调用 Pandas 的 apply 函数，设置回调函数 format_date 对日期进行处理。处理完毕后，创建连接 PostgrcSQL 的数据引擎对象，将结果存入数据库。

```
# -*- coding: utf-8 -*-#
from sqlalchemy import create_engine

import pandas as pd

file_path = r' jobs.xlsx '
jobs = pd.read_excel(file_path)

def format_date(item):
item["访问时间"] = "{}-{}-{}".format(item["访问时间"].year,
item["访问时间"].month,
item["访问时间"].day)
return item

new_df = jobs.apply(format_date, axis=1)
engine                                                                    =
create_engine("postgresql+psycopg2://postgres:postgre@localhost:5432/postgre
s", encoding="utf-8")
new_df.to_sql("log", con=engine, index=False, if_exists="replace")
data = pd.read_sql_query("select 访问时间 from log", con=engine)
print("插入数数据库的内容为：", "\n", data)
```

执行结果如图 4-12 所示。

插入数数据库的内容为：

访问时间

0	2021-2-3
1	2021-2-16
2	2021-1-3
3	2021-1-16
4	2021-1-6
5	2021-1-3

图 4-12　整理文档数据然后存入数据库

工作实施

按照制订的最佳实施方案进行项目开发，填充相应的工作流程内容。

评价反馈

各自完成学习情境的开发并展示作品，介绍任务的完成过程。作品展示前应准备阐述材料，并完成评价表 4-10、表 4-11、表 4-12。

1. 学生进行自我评价。

表 4-10　学生自评表

班级：		姓名：		学号：	
学习情境 4.2	使用 Pandas 进行数据处理				
评价项目	评价标准			分值	得分
数据删除与过滤	能通过相关 API 熟练删除与过滤数据			10	
数据插值与修改	能通过相关 API 熟练插入与修改数据			10	
自定义函数	能熟练掌握自定义函数			20	
方案制作	能快速、准确地制订工作方案			20	
项目开发能力	根据项目开发进度及应用状态评价开发能力			20	
工作质量	根据项目开发过程及成果评定工作质量			20	
合计				100	

2. 学生展示过程中，以个人为单位，对以上学习情境的结果进行互评。

表 4-11　学生互评表

学习情境 4.2		使用 Pandas 进行数据处理										
评价项目	分值	等级								评价对象			
										1	2	3	4
计划合理	10	优	10	良	9	中	8	差	6				
方案准确	10	优	10	良	9	中	8	差	6				
工作质量	20	优	20	良	18	中	15	差	12				
工作效率	15	优	15	良	13	中	11	差	9				
工作完整	10	优	10	良	9	中	8	差	6				
工作规范	10	优	10	良	9	中	8	差	6				
识读报告	10	优	10	良	9	中	8	差	6				
成果展示	15	优	15	良	13	中	11	差	9				
合计	100												

3. 教师对学生的工作过程和工作结果进行评价。

表 4-12　教师综合评价表

班级：		姓名：		学号：
学习情境 4.2		使用 Pandas 进行数据处理		
评价项目		评价标准	分值	得分
考勤（20%）		无无故迟到、早退、旷课现象	20	
工作过程 （50%）	数据基本操作	能熟练对数据进行删除、过滤、修改、插值	5	
	自定义函数	能通过自定义函数对数据进行处理	15	
	方案制作	能快速、准确地制订工作方案	20	
	工作态度	态度端正，工作认真、主动	5	
	职业素质	能做到安全、文明、合法，爱护环境	5	
项目成果 （30%）	工作完整	能按时完成任务	5	
	工作质量	能按计划完成工作任务	15	
	识读报告	能正确识读并准备成果展示各项报告材料	5	
	成果展示	能准确表达、汇报工作成果	5	
合计			100	

拓展思考

1. 自定义函数的执行原理是什么？
2. 如何利用自定义函数对数据进行清洗？

学习情境 4.3　使用 Pandas 分析招聘数据

学习情境描述

1. 学习情境

对数据进行处理后，很多时候还要对数据进行统计分析，比如排序、求最大最小值、求平均值、求和、分组求平均、分组求和等。本学习情境主要介绍在分析招聘数据的过程中，使用到的 Pandas 统计分析相关的功能。

2. 关键知识点

（1）数据排序。

（2）数据相关性。

（3）分组统计。

（4）聚合统计。

3. 关键技能点

（1）数据相关性。

（2）分组统计。

（3）聚合统计。

学习目标

1. 掌握按指定条件对数据进行排序的方法。

2. 掌握分析数据相关性的方法。

3. 掌握数据分组统计、聚合统计操作，并能阅读分析结果。

任 务 书

1. 完成招聘数据的相关性分析。

2. 完成分区域统计。

获取信息

引导问题：

1. 数据统计有哪些方面？

_____

_____

2. 不同统计结果的意义是什么？

_____

_____

工作计划

1. 制订工作方案（见表 4-13）

表 4-13　工作方案

步骤	工作内容
1	
2	
3	
4	
5	
6	
7	
8	

2. 写出此工作方案中数据分析的开发步骤

3. 列出工具清单（见表 4-14）

表 4-14　工具清单

序号	名称	版本	备注

4. 列出技术清单（见表 4-15）

表 4-15　技术清单

序号	名称	版本	备注

进行决策

1. 根据引导、构思、计划等，各自阐述自己的设计方案。
2. 对其他人的设计方案提出自己不同的看法。
3. 教师结合大家完成的情况进行点评，并选出最佳方案。

_____

_____

_____

_____

_____

知识准备

"使用 Pandas 分析招聘数据"知识分布如图 4-13 所示。

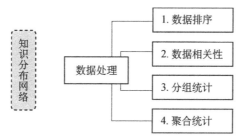

图 4-13　"使用 Pandas 分析招聘数据"知识分布

1. 数据排序

样例 4-8：在对数据进行统计分析的过程中，需要对数据进行排序，比如点击量排名、薪资排序。以下代码演示了如何对薪资数据进行排序。

```
# -*- coding: utf-8 -*-#

import pandas as pd

series = {"address": pd.Series(["上海", "成都", "西永", "重庆", "深圳", "上海"]),
"salary": pd.Series([10000, 6000, 2500, 8000, 67000, 15000])}
df = pd.DataFrame(series)
df1 = df.sort_index(axis=1)
print("按列名排序：")
print(df1)
print()
df2 = df.sort_values(by=["salary"])
print("按值排序：")
print(df2)
```

执行结果如图 4-14 所示。

```
按列名排序：
   address  salary
0    上海   10000
1    成都    6000
2    西永    2500
3    重庆    8000
4    深圳   67000
5    上海   15000

按值排序：
   address  salary
2    西永    2500
1    成都    6000
3    重庆    8000
0    上海   10000
5    上海   15000
4    深圳   67000
```

图 4-14 对数据排序

2. 数据相关性

样例 4-9：调用 Dataframe 的 corr 可以计算出 df 中的某列与其他列的相关程度。以下代码演示了如何计算工资与工作年限的相关性。

```python
# -*- coding: utf-8 -*-#

import pandas as pd

series = {"work": pd.Series([9, 1, 1, 3, 10, 12]),
"salary": pd.Series([20000, 4000, 2500, 5000, 67000, 75000])}
df = pd.DataFrame(series)
data = df["salary"].corr(df["work"])
print("salary 与 work 的相关性：")
print(data)
```

执行结果如图 4-15 所示，输出值大于 0.8，表示强相关。

```
salary与work的相关性：
0.8955912185902348
```

图 4-15 输出相关系数

3. 分组统计

样例 4-10：分组统计是数据分析过程中的一种常用技术。以下代码演示了如何读取 job_info_header.csv 文件，按岗位名称进行分组统计。

```python
# -*- coding: utf-8 -*-#
```

```
import pandas as pd

file_path = r'job_info_header.csv'
job_info = pd.read_table(file_path, sep=',', encoding='gbk')
group_data = job_info.groupby("岗位名称")
for group_name, member in group_data:
print("分组名称:", group_name, "\n", "组成员：", member)
print()
```

执行结果如图 4-16 所示，输出的这些岗位分别是哪些企业在招。

图 4-16　按岗位名称分组

4. 聚合统计

样例 4-11：调用 aggregate 函数可以实现数据的聚合统计。在以下代码中，"df["en"].aggregate（np.sum）"表示对"en"列求和，"np.sum"是 NumPy 的内置函数。除了对单列数据进行统计外，aggregate 函数还支持对多列数据同时进行统计。比如代码"df[["math", "en"]].aggregate（[np.sum, np.mean]）"表示对多列数据进行求和、求平均。

```
# -*- coding: utf-8 -*-#

import pandas as pd
import numpy as np

series  =  {"name": pd.Series(["wanglin", "ligao", "xiyong", "shenhao",
"shangzhen", "liweida"]),
```

111

```
"en": pd.Series([80, 60, 25, 80, 67, 85]),
"math": pd.Series([90, 87, 92, 88, 58, 81])}
df = pd.DataFrame(series)
print("对 en 列进行聚合：")
print("en 列总成绩:", df["en"].aggregate(np.sum))
print("math 列总成绩:", df["math"].aggregate(np.sum))
print()
print("多列汇总：")
print("math 列总成绩:", df[["math", "en"]].aggregate(np.sum))
print()
print("多列进行多种聚合：")
print("math 列总成绩:", df[["math", "en"]].aggregate([np.sum, np.mean]))
```

执行结果如图 4-17 所示。

```
对en列进行聚合：
en列总成绩: 397
math列总成绩: 496

多列汇总：
math列总成绩: math     496
en       397
dtype: int64

多列进行多种聚合：
math列总成绩:             math          en
sum   496.000000   397.000000
mean   82.666667    66.166667
```

图 4-17　输出聚合统计结果

相关案例

按照本学习情景所涉及的知识面及知识点，本案例将对招聘数据信息进行统计分析，并挖掘招聘信息中数据的潜在含义。

在本学习情景案例 1 中，已经将数据导入了 pg_jobs 表中。本案例将基于此数据进行分析。

1. 实现思路

统计各省份的招聘活跃度，其实就是对省份进行分组求招聘岗位个数，然后对个数进行降序排列。排在前的表示招聘岗位多，活跃度高。统计哪些岗位的关注度高，就是对各岗位点击次数进行降序排列，排在前的自然关注度高。

2. 编程实现

具体代码如下（注意，在分组求和、求个数之后，需要给新产生的统计列设置列名，然后对该新列进行排序。设置列名需要用到 pd.NamedAgg 函数，其中第一个参数是 Dataframe 中已经存在的列名，第二个参数是对该列进行什么样的操作，取值"count"表示求个数，取值"sum"表示求和，返回值是新列的名称）。

```
# -*- coding: utf-8 -*-#
from sqlalchemy import create_engine
import pandas as pd

engine                                                              =
create_engine('postgresql+psycopg2://postgres:postgre@localhost:5432/postgre
s', encoding='utf-8')

jobs = pd.read_sql_table("pg_jobs", con=engine)
print("对 province 列分组求个数，然后进行降序排列：")
df_agg    =    jobs.groupby("province").agg(count=pd.NamedAgg("province",
"count")). \
sort_values(by="count", ascending=False)
print(df_agg)

print("\n 对 job_id 列分组求和，然后进行降序排列：")
df_agg = jobs.groupby("job_id").agg(total=pd.NamedAgg("count", "sum")). \
sort_values(by="total", ascending=False)
print(df_agg)
```

执行结果如图 4-18 所示。

```
对province列分组求个数，然后进行降序排列：
              count
province
上海市            2
香港             2
内蒙古            1
台湾             1
安徽             1
山东             1
新疆             1
江苏             1
河南             1
湖北             1
澳门             1
甘肃             1

对job_id列分组求和，然后进行降序排列：
          total
job_id
64543        36
159165       12
218217       12
83910         7
140170        6
188320        6
51942         5
197311        2
```

图 4-18　输出统计结果

工作实施

按照制订的最佳实施方案进行项目开发，填充相应的工作流程内容。

评价反馈

各自完成学习情境的开发并展示作品，介绍任务的完成过程。作品展示前应准备阐述材料，并完成评价表 4-16、表 4-17、表 4-18。

1. 学生进行自我评价。

表 4-16　学生自评表

班级：	姓名：		学号：	
学习情境 4.3	使用 Pandas 分析招聘数据			
评价项目	评价标准		分值	得分
数据排序	能对数据进行排序		10	
数据相关性分析	能分析数据不同维度的相关性		10	
数据分组与聚合统计	能根据需求进行数据统计		20	
方案制作	能快速、准确地制订工作方案		20	
项目开发能力	根据项目开发进度及应用状态评论开发能力		20	
工作质量	根据项目开发过程及成果评定工作质量		20	
合计			100	

2. 学生展示过程中，以个人为单位，对以上学习情境的结果进行互评。

表 4-17　学生互评表

学习情境 4.3		使用 Pandas 分析招聘数据										
评价项目	分值	等级								评价对象			
									1	2	3	4
计划合理	10	优	10	良	9	中	8	差	6				
方案准确	10	优	10	良	9	中	8	差	6				

（续表）

学习情境 4.3		使用 Pandas 分析招聘数据									
工作质量	20	优	20	良	18	中	15	差	12		
工作效率	15	优	15	良	13	中	11	差	9		
工作完整	10	优	10	良	9	中	8	差	6		
工作规范	10	优	10	良	9	中	8	差	6		
识读报告	10	优	10	良	9	中	8	差	6		
成果展示	15	优	15	良	13	中	11	差	9		
合计	100										

3. 教师对学生的工作过程和工作结果进行评价。

表 4-18　教师综合评价表

班级：		姓名：		学号：
学习情境 4.3		使用 Pandas 分析招聘数据		
评价项目		评价标准	分值	得分
考勤 (20%)		无无故迟到、早退、旷课现象	20	
工作过程(50%)	数据相关性分析	能分析数据不同维度的相关性	5	
	数据分组与聚合统计	能根据需求进行数据统计	15	
	方案制作	能快速、准确地制订工作方案	20	
	工作态度	态度端正，工作认真、主动	5	
	职业素质	能做到安全、文明、合法，爱护环境	5	
项目成果(30%)	工作完整	能按时完成任务	5	
	工作质量	能按计划完成工作任务	15	
	识读报告	能正确识读并准备成果展示各项报告材料	5	
	成果展示	能准确表达、汇报工作成果	5	
合计			100	

拓展思考

1. 如何对招聘数据进行不同维度的统计？
2. 如何对招聘数据进行不同维度的相关性分析？

单元 5　数据可视化

数据经过统计分析后还需要进行可视化操作，才能看出数据的趋势、分布、大小等情况。

数据可视化的工具有很多，比如 Excel、Power BI、Seaborn、Matplotlib、Pyecharts 等。考虑到后续章节会较多使用 Matplotlib 及相关扩展，因此本单元会重点介绍如何使用 Matplotlib 和 Seaborn 绘图。单元 5 教学导航如图 5-1 所示。

教学导航

知识重点	1. Matplotlib绘制基本图形 2. Seaborn绘制基本图形
知识难点	不同图形的含义
推荐教学方式	先从工作任务入手，根据业务场景选图，然后再研究如何绘图
建议学时	10学时
推荐学习方法	先复制随书源码运行一遍看效果，然后归纳不同示例的共同点，总结编程思路
必须掌握的理论知识	不同图形的含义
必须掌握的技能	Matplotlib与Seaborn绘制图形

图 5-1　教学导航

学习情境 5.1　掌握 Matplotlib 的基本应用

学习情境描述

教学导航

1. 学习情境

在进行数据分析时，常需要对数据进行可视化分析。Matplotlib 是机器学习"三剑客"之一，对 Python 语言支持良好，图形种类丰富。本学习情境主要介绍 Matplotlib 的基本知识与基本应用，讲解如何导入 Matplotlib 包，以及绘图的编程顺序。

2. 关键知识点

（1）Matplotlib 基本结构。

（2）Matplotlib 绘制基本图形。

3. 关键技能点

（1）Matplotlib 基本结构。

（2）Matplotlib 绘图原理。

1. 掌握 Matplotlib 的基本结构。
2. 掌握 Matplotlib 绘图核心原理。

任 务 书

完成通过使用 Matplotlib 工具对数据进行可视化分析操作。

获取信息

引导问题：使用 Matplotlib 对数据进行可视化分析。
1. 数据可视化的目的是什么？

_____

_____

2. 线条图的含义是什么？

_____

_____

工作计划

1. 制订工作方案（见表 5-1）

表 5-1　工作方案

步骤	工作内容
1	
2	
3	
4	
5	
6	
7	
8	

2. 写出此工作方案中数据可视化的步骤

_____

_____

_____

3. 列出工具清单（见表 5-2）

表 5-2　工具清单

序号	名称	版本	备注

4. 列出技术清单（见表 5-3）

表 5-3　技术清单

序号	名称	版本	备注

进行决策

1. 根据引导、构思、计划等，各自阐述设计方案。
2. 对其他人的设计方案提出自己不同的看法。
3. 教师结合大家完成的情况进行点评，并选出最佳方案。

_____

_____

_____

知识准备

"掌握 Matplotlib 的基本应用"知识分布如图 5-2 所示。

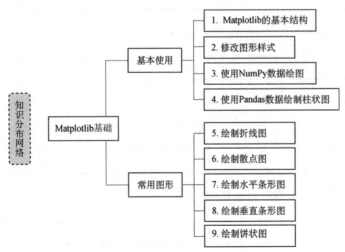

图 5-2　"掌握 Matplotlib 的基本应用"知识分布

1. Matplotlib 的基本结构

Matplotlib 绘制图形是有一定规则的，下面通过一个基本的样例来了解这些规则。

样例 5-1：使用 Matplotlib 将列表中的数据绘制成图形。绘图的步骤是固定的，首先需要导入 matplotlib.pyplot 模块，然后准备数据，最后调用 plot 函数传入数据，即可绘图。调用 show 函数并不是必需的，只有在编辑器不能正常显示图形时，才需要调用。

绘制直线

```
# -*- coding: utf-8 -*-#
import matplotlib.pyplot as plt

data = list(range(10, 50))
plt.plot(data)
plt.ylabel("基本直线", fontproperties="SimHei")
plt.show()
```

执行结果如图 5-3 所示，展示了图形绘制结果。

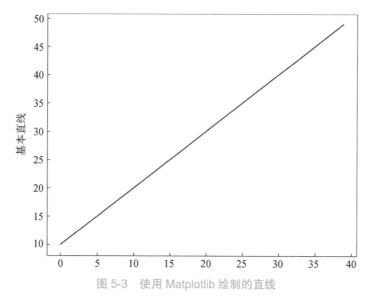

图 5-3　使用 Matplotlib 绘制的直线

2. 修改图形样式

样例 5-2：plot 函数支持多个参数，以控制图形的显示。其中第一个参数是一个可变参数，意味着可以传递任意个数值。在本样例中，前两个参数分别代表 *x* 轴和 *y* 轴。Matplotlib 使用 MATLAB 的语法来控制图形的颜色、形状，代码中"ro"表示的是红色、圆点。更多参数值，可参照官网。

修改图形样式

```
# -*- coding: utf-8 -*-#

import matplotlib.pyplot as plt
```

```
x = list(range(10, 50))
y = list(range(30, 70))
plt.plot(x,y,"ro")
plt.ylabel("传入多个值", fontproperties="SimHei")
plt.show()
```

执行结果如图 5-4 所示。

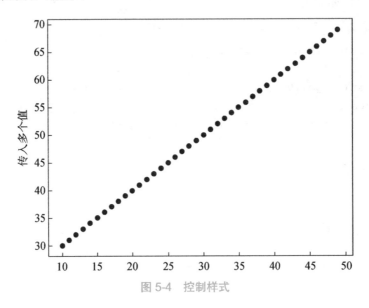

图 5-4　控制样式

3. 使用 NumPy 数据绘图

样例 5-3：在数值分析中，尤其是在图像处理过程中，NumPy 处理的数据都比较复杂。为了方便观察数据的具体情况，可以直接将 NumPy 数据传入 Matplotlib 绘制图形。

```
# -*- coding: utf-8 -*-#

import matplotlib.pyplot as plt
import numpy as np

x = np.array(list(range(10, 30)))
y = np.array(list(range(20, 40)))

plt.plot(x, y, "r+", x * np.sin(2), y * np.cos(3), "b*")
plt.ylabel("传入多个值", fontproperties="SimHei")
plt.show()
```

执行结果如图 5-5 所示。

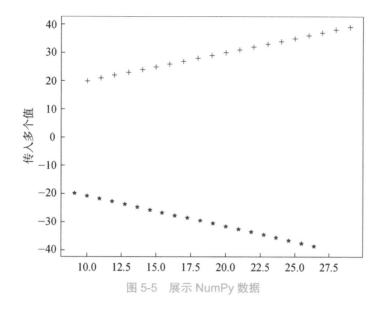

图 5-5　展示 NumPy 数据

4. 使用 Pandas 数据绘制柱状图

样例 5-4：以下代码演示了如何分别从 DataFrame 中取得 *x* 轴和 *y* 轴的数据，然后传入 plt.bar 函数，用以绘制图形。其中 bar 函数用于绘制柱状图。

绘制柱状图

```
# -*- coding: utf-8 -*-#

import pandas as pd
import matplotlib.pyplot as plt

plt.rcParams['font.sans-serif'] = ['SimHei']
series = {"name": pd.Series(["wanglin", "ligao", "xiyong", "shenhao",
"shangzhen", "liweida"]),
    "en": pd.Series([80, 60, 25, 80, 67, 85])}
df = pd.DataFrame(series)
x, y = df["name"], df["en"]
plt.bar(x, y, color="r")

plt.show()
```

执行结果如图 5-6 所示。

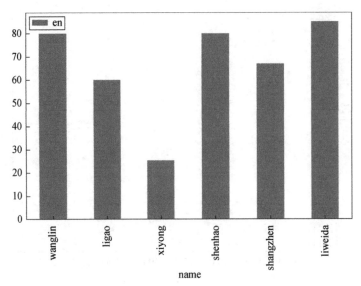

图 5-6　绘制 Pandas 数据

5. 绘制折线图

样例 5-5： 以下代码展示了如何使用 plt.plot 函数绘制折线图，该图反映了招聘人数与时间的关系。由于时间的字符太长，默认的绘图会导致 *x* 轴文字重叠，因此调用 plt.xticks（rotation=45）方法，将 *x* 轴的标签旋转 45°。

绘制折线图

```
# -*- coding: utf-8 -*-#
import pandas as pd

import matplotlib.pyplot as plt

plt.rcParams['font.sans-serif'] = ['SimHei']
series = {"招聘时间": pd.Series(["2021-1", "2021-2", "2021-3", "2021-4",
"2021-5", "2021-6",
  "2021-7", "2021-8", "2021-9", "2021-10", "2021-11", "2021-12"]),
  "招聘人数": pd.Series([120, 15, 180, 220, 260, 200,
  60, 70, 78, 22, 26, 200])}
df = pd.DataFrame(series)
x, y = df["招聘时间"], df["招聘人数"]
plt.xticks(rotation=45)
plt.plot(x, y, "-", color="r", linewidth=1,)
plt.show()
```

执行结果如图 5-7 所示。

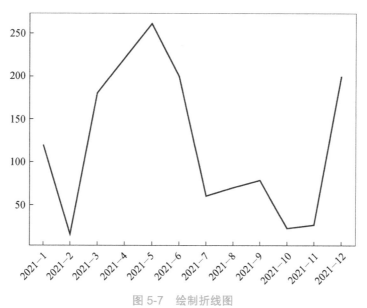

图 5-7　绘制折线图

6. 绘制散点图

样例 5-6：以下代码展示了如何使用 **plt.plot** 函数绘制散点图。散点图用于反映数据的分布情况。

```
# -*- coding: utf-8 -*-#

import pandas as pd

import matplotlib.pyplot as plt

plt.rcParams['font.sans-serif'] = ['SimHei']
series = {"地区": pd.Series(["成都", "重庆", "长沙", "贵阳", "昆明", "西安", "
银川", "太原"]),
    "岗位数量": pd.Series([12800, 10588, 18000, 28220, 29660, 22450, 68560,
74450])}
df = pd.DataFrame(series)
x, y = df["地区"], df["岗位数量"]
plt.plot(df["地区"], df["岗位数量"], ".", color="r")
plt.show()
```

执行结果如图 5-8 所示。

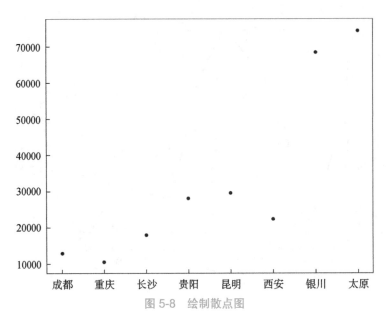

图 5-8 绘制散点图

7. 绘制水平条形图

样例 5-7：水平条形图一般用于反映数据的排名情况或排序情况，具体代码如下。

```
# -*- coding: utf-8 -*-#

import pandas as pd
import matplotlib.pyplot as plt

plt.rcParams['font.sans-serif'] = ['SimHei']
series = {"address": pd.Series(["上海", "成都", "西永", "重庆", "深圳", "上海"]),
"salary": pd.Series([10000, 6000, 2500, 8000, 67000, 15000])}
df = pd.DataFrame(series)
df1 = df.sort_values(by="salary", ascending=True)

plt.barh(range(6), df1["salary"],
height=0.7, color=['y', 'r', 'g', 'b'],
alpha=0.8)
plt.yticks(range(6), df1["address"])
plt.xlabel("排名")

plt.show()
```

执行结果如图 5-9 所示。

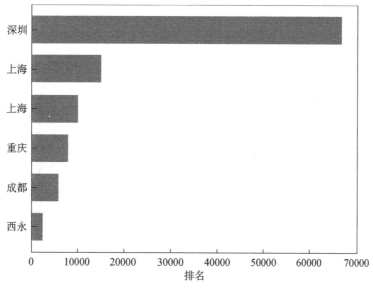

图 5-9　绘制水平条形图

8. 绘制垂直条形图

样例 5-8：垂直条形图一般用于对不同分组的数据进行对比。垂直条形图表达的信息比普通的柱状图表达的更多，具体代码如下。

```python
# -*- coding: utf-8 -*-#

import matplotlib.pyplot as plt
import numpy as np
import pandas as pd


series = {"name": pd.Series(["wanglin", "ligao", "xiyong", "shenhao",
"shangzhen", "liweida"]),
"en": pd.Series([80, 60, 25, 80, 67, 85]),
"math": pd.Series([90, 87, 92, 88, 58, 81])}
df = pd.DataFrame(series)
width = 0.2
plt.bar(np.arange(6) + width / 2,
df["math"], color='red',
width=width, label='math')

plt.bar(np.arange(6) - width / 2,
df["en"], color='green',
width=width, label='en')

plt.xticks(np.arange(0, 6, step=1), df["name"], rotation=45)
plt.legend(loc=1)
plt.show()
```

执行结果如图 5-10 所示。

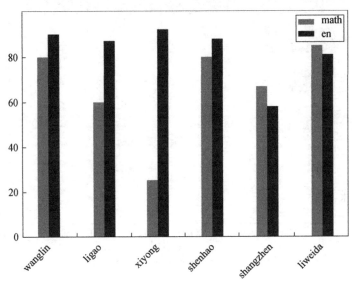

图 5-10　绘制垂直条形图

9. 绘制饼状图

样例 5-9：饼状图用于展示各数据的整体占比。执行以下代码，可以展示各岗位的占比情况。

```
# -*- coding: utf-8 -*-#

import matplotlib.pyplot as plt

plt.rcParams["font.sans-serif"] = ["SimHei"]

labels = ["AI 算法工程师", "大数据开发工程师", "前端开发工程师", "Java 开发工程师",
"Python 爬虫开发工程师"]
data = [11, 15, 21, 7, 12]
color = ["red", "green", "blue", "yellow", "cyan"]
explode = (0, 0, 0, 0.1, 0)
plt.pie(data, explode=explode, labels=labels, autopct="%1.2f%%",
startangle=130)
plt.title("各岗位的招聘人数")
plt.show()
```

执行结果如图 5-11 所示。

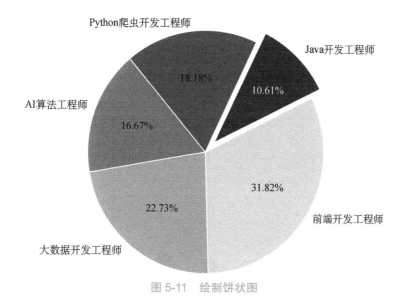

图 5-11 绘制饼状图

相关案例

按照本学习情景所涉及的知识面及知识点，使用 Pandas 读取数据库中的数据并使用气泡图进行数据可视化展示。

很多时候，采用散点图不能满足要求，因为散点图只能反映数据出现在哪些地方、如何分布，而不能反映具体分布的大小。因此为了获取更多的信息，大多时候采用的是气泡图。

执行以下代码，可以从数据库读取数据，展示各个城市的岗位数量。

```python
# -*- coding: utf-8 -*-#

import matplotlib.pyplot as plt
import numpy as np
from sqlalchemy import create_engine
import pandas as pd

plt.rcParams['font.sans-serif'] = ['SimHei']


engine                                                                        =
create_engine('postgresql+psycopg2://postgres:postgre@localhost:5432/postgre
s', encoding='utf-8')
df = pd.read_sql_table("jobs_count", con=engine)

s = list(df["岗位数量"] / 100)
color = np.random.rand(8)
plt.scatter(x=list(df["地区"]), y=list(df["岗位数量"]), s=s, c=color)
```

```
plt.show()
```

执行结果如图 5-12 所示。

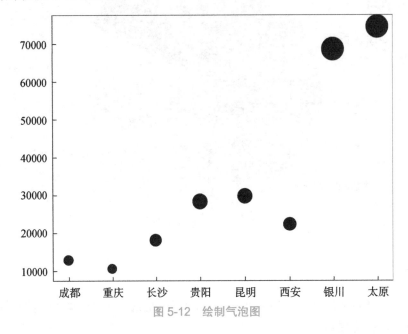

图 5-12　绘制气泡图

工作实施

按照制订的最佳实施方案进行项目开发，填充相应的工作流程内容。

评价反馈

各自完成学习情境的开发并展示作品，介绍任务的完成过程。作品展示前应准备阐述材料，并完成评价表 5-4、表 5-5、表 5-6。

1. 学生进行自我评价

表 5-4　学生自评表

班级：		姓名：	学号：	
学习情境 5.1	掌握 Matplotlib 的基本应用			
评价项目	评价标准		分值	得分
Matplotlib 基本结构	掌握 Matplotlib 的基本结构		15	
Matplotlib 绘制图形	掌握使用 Matplotlib 绘制各类图形并解读其含义		15	
方案制作	能快速、准确地制订工作方案		30	
项目开发能力	根据项目开发进度及应用状态评价开发能力		20	
工作质量	根据项目开发过程及成果评定工作质量		20	
合计			100	

2. 学生展示过程中，以个人为单位，对以上学习情境的结果进行互评。

表 5-5　学生互评表

学习情境 5.1		掌握 Matplotlib 的基本应用							评价对象			
评价项目	分值	等级							1	2	3	4
计划合理	10	优	10	良	9	中	8	差	6			
方案准确	10	优	10	良	9	中	8	差	6			
工作质量	20	优	20	良	18	中	15	差	12			
工作效率	15	优	15	良	13	中	11	差	9			
工作完整	10	优	10	良	9	中	8	差	6			
工作规范	10	优	10	良	9	中	8	差	6			
识读报告	10	优	10	良	9	中	8	差	6			
成果展示	15	优	15	良	13	中	11	差	9			
合计	100											

3. 教师对学生的工作过程和工作结果进行评价。

表 5-6　教师综合评价表

班级：		姓名：		学号：	
学习情境 5.1		掌握 Matplotlib 的基本应用			
评价项目		评价标准		分值	得分
考勤（20%）		无无故迟到、早退、旷课现象		20	
工作过程（50%）	Matplotlib 绘制图形	能灵活应用 Matplotlib 绘制各类图形		20	
	方案制作	能快速、准确地制订工作方案		20	

（续表）

班级：		姓名：		学号：	
工作过程 （50%）	工作态度	态度端正，工作认真、主动	5		
	职业素质	能做到安全、文明、合法，爱护环境	5		
项目成果 （30%）	工作完整	能按时完成任务	5		
	工作质量	能按计划完成工作任务	15		
	识读报告	能正确识读并准备成果展示各项报告材料	5		
	成果展示	能准确表达、汇报工作成果	5		
合计			100		

拓展思考

1. 在使用 Matplotlib 绘制图形时应注意哪些问题？
2. 在使用 Pandas 构造绘图数据时应注意哪些问题？
3. 如何对 NumPy、Pandas、Matplotlib 进行联合使用？
4. 如何使用 Matplotlib 将二进制数据绘制成图片？

学习情境 5.2 使用 Matplotlib 对招聘数据进行可视化分析

学习情境描述

1. 学习情境

针对不同的分析需求，需要选择合适的图形。不同的图形，包含了不同的含义。本学习情境介绍如何针对具体业务，选择合适的 Matplotlib 图形。

2. 关键知识点

使用 Matplotlib 对招聘数据进行可视化分析。

3. 关键技能点

解读数据含义。

学习目标

1. 掌握使用 Matplotlib 分析招聘数据的方法。
2. 掌握解读数据含义的能力。

任 务 书

1. 完成通过 pip 命令安装及管理 Matplotlib 库。
2. 完成通过 Matplotlib 对招聘数据进行可视化分析。

获取信息

引导问题：

1. 如何设计数据分析业务？

_____

_____

2. 如何解读数据的含义？

_____

_____

工作计划

1. 制订工作方案（见表 5-7）

表 5-7　工作方案

步骤	工作内容
1	
2	
3	
4	
5	
6	
7	
8	

2. 写出此工作方案中招聘数据分析的开发步骤

_____

_____

3. 列出工具清单（见表 5-8）

表 5-8　工具清单

序号	名称	版本	备注

4. 列出技术清单（见表 5-9）

表 5-9　技术清单

序号	名称	版本	备注

进行决策

1. 根据引导、构思、计划等，各自阐述设计方案。
2. 对其他人的设计方案提出自己不同的看法。
3. 教师结合大家完成的情况进行点评，并选出最佳方案。

_____

_____

_____

_____

_____

知识准备

"使用 Matplotlib 对招聘数据进行可视化分析" 知识分布如图 5-13 所示。

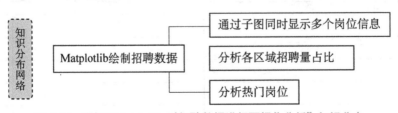

图 5-13　"使用 Matplotlib 对招聘数据进行可视化分析" 知识分布

1. 通过子图同时显示多个岗位信息

样例 5-10：很多时候，需要在一张画布上绘制多个图，以观察数据的整体情况。执行以下代码，可以创建一个画布，上面有两个子图，第一个子图是数据表中包含的那些城市信息，第二个子图是每个城市对应的岗位数量。代码 plt.subplot(211)表示创建组图，其中 211 的含义是：

绘制子图 1

绘制子图 2

- 2 表示两行的画布。
- 1 表示画布只有 1 列。
- 1 表示该图放在这个画布的第一行第一个位置。

```
# -*- coding: utf-8 -*-#

import numpy as np
import pandas as pd
import matplotlib.pyplot as plt
from sqlalchemy import create_engine

plt.rcParams['font.sans-serif'] = ['SimHei']

engine                                                                    =
create_engine('postgresql+psycopg2://postgres:postgre@localhost:5432/postgre
s', encoding='utf-8')
# 绘制第一个图
plt.subplot(211)
df = pd.read_sql_query("SELECT province,count(1)count from pg_jobs GROUP BY
province", con=engine)
s = [100]
color = ["r"]
plt.scatter(x=list(df["province"]), y=list(df["count"]), s=s, c=color)
plt.xlabel("相关城市")

# 绘制第二个图
plt.subplot(212)
df = pd.read_sql_query("SELECT province,sum(count)total from pg_jobs GROUP
BY province", con=engine)
x, y = df["province"], df["total"]
plt.bar(x, y, color="r")
plt.xlabel("每个城市的岗位数量求和")

plt.show()
```

执行结果如图 5-14 所示。

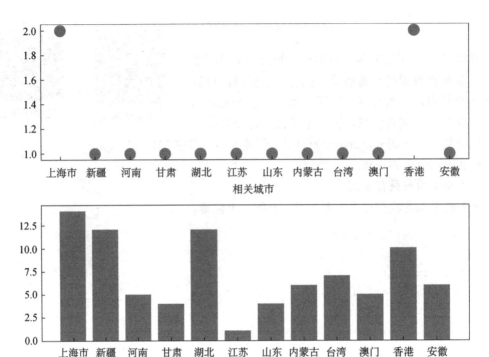

图 5-14　绘制子图

2. 分析各区域招聘量占比

样例 5-11：展示如何统计各个区域的招聘量占比，并将数据可视化。

```python
# -*- coding: utf-8 -*-#
import pandas as pd
import numpy as np
import matplotlib.pyplot as plt


plt.rcParams['font.sans-serif'] = ['SimHei']
file_path = r"job_info_header.csv"
job_info = pd.read_table(file_path, sep=',', encoding='gbk')
area_count = job_info.groupby("工作区域")["工作区域"].count().to_dict()
job_info["area_count"] = job_info["工作区域"].map(area_count)
df1 = job_info.loc[:, ["工作区域", "area_count"]]
df2 = df1.drop_duplicates()
print(df2)
data = df2["area_count"]
color = np.random.rand(len(df2["工作区域"]))


plt.pie(data, labels=df2["工作区域"], autopct="%1.2f%%", startangle=130)
plt.title("各岗位的招聘人数占比")
plt.show()
```

执行结果如图 5-15 所示。

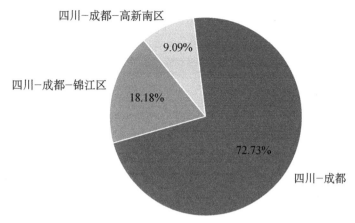

图 5-15　绘制各区域招聘量占比

3. 分析热门岗位

样例 5-12：热门岗位是指点击量比较多的岗位。本样例将先读取岗位数据，并对各岗位数据进行分组，然后求和，最后将求和的结果进行降序排列。

得到最终结果后传入 Matplotlib 绘制图形，具体代码以下。

```python
# -*- coding: utf-8 -*-#

import numpy as np
import pandas as pd
import matplotlib.pyplot as plt
from sqlalchemy import create_engine

plt.rcParams['font.sans-serif'] = ['SimHei']

engine                                                                =
create_engine('postgresql+psycopg2://postgres:postgre@localhost:5432/postgre
s', encoding='utf-8')
jobs = pd.read_sql_table("pg_jobs", con=engine)
df_agg        =        jobs.groupby("job_id").agg(total=pd.NamedAgg("count",
"sum")).sort_values(by="total", ascending=True)
new_df = df_agg.reset_index()
length = len(new_df["total"])
plt.barh(range(length), new_df["total"],
height=0.7, color=['y', 'r', 'g', 'b'],
alpha=0.8)
plt.yticks(range(length), new_df["job_id"])
plt.xlabel("热门岗位排序")
```

```
plt.show()
```

执行结果如图 5-16 所示。

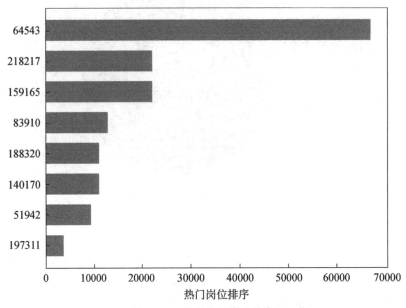

图 5-16 绘制热门岗位信息

相关案例

按照本学习情景所涉及的知识面及知识点，对招聘数据进行分析选出前 5 个热门城市，并分析找工作的热门时间，分析工作年限与薪资的关系。

1. 实现思路

热门城市就是在数据集中出现次数最多的城市，因此这里只需对城市进行分组统计，并筛选出前 5 个；分析找工作的热门时间，则根据用户浏览招聘网站的时间进行分组，并对其进行排序；分析工作年限与薪资的关系可以直接使用折线图，通过折线图可看出两者之间是否存在关联。

2. 编程实现

具体代码如下所示。首先绘制第一个子图，为了获取城市排名的前 5 个，需要在 DataFrame 上面调用 head 函数，参数为获取的个数；绘制第二个图的原理与第一个图一致，区别是绘图函数的名称；绘制第三个图，反映数据之间的关系，可以直接使用折线图。

```
# -*- coding: utf-8 -*-


import numpy as np
import pandas as pd
import matplotlib.pyplot as plt
```

```
from sqlalchemy import create_engine

plt.rcParams['font.sans-serif'] = ['SimHei']

engine = create_engine('postgresql+psycopg2://postgres:postgre@localhost:
5432/postgres', encoding='utf-8')
# 绘制第 1 个图
plt.subplot(311)
df = pd.read_sql_table("pg_jobs", con=engine)
df_agg    =    df.groupby("province").agg(count=pd.NamedAgg("province",
"count")).sort_values(by="count", ascending=False)
new_df = df_agg.reset_index().head(5)
plt.bar(new_df["province"], new_df["count"], color="r",width=0.3)
plt.xlabel("城市前 5")

# 绘制第 2 个图
plt.subplot(312)
df["date"] = df["month"].map(str) + "-" + df["day"].map(str)
df_agg       =       df.groupby("date").agg(count=pd.NamedAgg("date",
"count")).sort_values(by="count", ascending=True)
new_df = df_agg.reset_index().head(5)

plt.barh(range(len(new_df["count"])), new_df["count"],
height=0.7, color=['y', 'r', 'g', 'b'],
alpha=0.8)
plt.yticks(range(len(new_df["count"])), new_df["date"])
plt.xlabel("日期前 5")

# 绘制第 3 个图
plt.subplot(313)
df = pd.read_sql_table("work_age_salary", con=engine)
plt.plot(df["working_age"], df["salary"], "r-")
plt.ylabel("工资")
plt.xlabel("工龄")
plt.title("工龄与工资")
plt.show()
```

执行结果如图 5-17 所示。

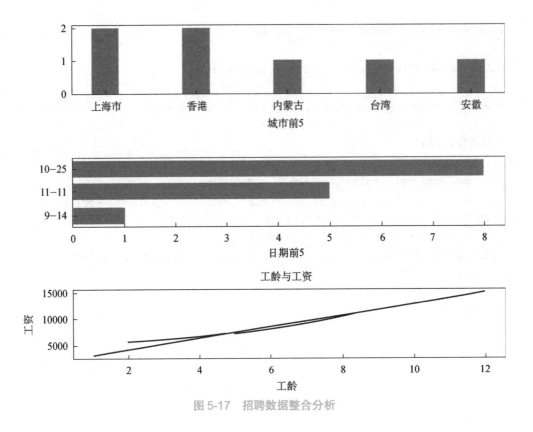

图 5-17　招聘数据整合分析

工作实施

按照制订的最佳实施方案进行项目开发，填充相应的工作流程内容。

评价反馈

各自完成学习情境的开发并展示作品，介绍任务的完成过程。作品展示前应准备阐述材料，并完成评价表 5-10、表 5-11、表 5-12。

1. 学生进行自我评价。

表 5-10　学生自评表

班级：		姓名：		学号：
学习情境 5.2	使用 Matplotlib 对招聘数据进行可视化分析			
评价项目	评价标准		分值	得分
业务设计	能设计基本的分析业务		15	
业务实现	能根据业务通过 Matplotlib 实现数据可视化		15	
方案制作	能快速、准确地制订工作方案		30	
项目开发能力	根据项目开发进度及应用状态评价开发能力		20	
工作质量	根据项目开发过程及成果评定工作质量		20	
合计			100	

2. 学生展示过程中，以个人为单位，对以上学习情境的结果进行互评。

表 5-11　学生互评表

学习情境 5.2		使用 Matplotlib 对招聘数据进行可视化分析							评价对象			
评价项目	分值	等级							1	2	3	4
计划合理	10	优	10	良	9	中	8	差	6			
方案准确	10	优	10	良	9	中	8	差	6			
工作质量	20	优	20	良	18	中	15	差	12			
工作效率	15	优	15	良	13	中	11	差	9			
工作完整	10	优	10	良	9	中	8	差	6			
工作规范	10	优	10	良	9	中	8	差	6			
识读报告	10	优	10	良	9	中	8	差	6			
成果展示	15	优	15	良	13	中	11	差	9			
合计	100											

3. 教师对学生的工作过程和工作结果进行评价。

表 5-12　教师综合评价表

班级：		姓名：	学号：
学习情境 5.2		使用 Matplotlib 对招聘数据进行可视化分析	
评价项目		评价标准	分值　得分
考勤（20%）		无无故迟到、早退、旷课现象	20
工作过程 （50%）	分析招聘数据	能设计业务并根据业务对数据进行可视化	10
	方案制作	能快速、准确地制订工作方案	30

班级：		姓名：	学号：	
工作过程 （50%）	工作态度	态度端正，工作认真、主动	5	
	职业素质	能做到安全、文明、合法，爱护环境	5	
项目成果 （30%）	工作完整	能按时完成任务	5	
	工作质量	能按计划完成工作任务	15	
	识读报告	能正确识读并准备成果展示各项报告材料	5	
	成果展示	能准确表达、汇报工作成果	5	
合计			100	

拓展思考

1. 与 Matplotlib 类似的组件有哪些？
2. 如何使用 Matplotlib 同时绘制多幅图？

学习情境 5.3　使用 Seaborn 对招聘数据进行进一步分析

学习情境描述

1. 学习情境

针对不同的分析需求，需要选择合适的图形。不同的图形，包含了不同的含义。因此本学习情境主要介绍如何针对具体业务，选择合适的 Matplotlib 图形。

Matplotlib 图形存在一定的局限，比如对数据进行分组显示、分析数据的集中程度，绘制这类图形往往需要更多的代码。而 Seaborn 针对这类情境来说，实现起来相对容易。因此本学习情境，就是了解 Matplotlib 的扩展图形框架 Seaborn 的应用。

2. 关键知识点
（1）数据分组可视化。
（2）多维数据关联。
3. 关键技能点
（1）数据分组。
（2）多维数据关联分析下的数据可视化。

学习目标

1. 掌握 Seaborn 的绘图流程。
2. 掌握解读数据含义的能力。

任 务 书

1. 完成通过 pip 命令安装及管理 Seaborn 库。
2. 完成通过 Seaborn 对招聘数据进行可视化分析。

获取信息

引导问题：Seaborn 的编程范式。

1. Seaborn 的编程思路是什么？

_____

_____

_____

2. 如何使用 Seaborn 观察数据多个维度之间的关系？

_____

_____

_____

_____

工作计划

1. 制订工作方案（见表 5-13）

表 5-13 工作方案

步骤	工作内容
1	
2	
3	
4	
5	
6	
7	
8	

2. 写出此工作方案中使用 Seaborn 分析数据的设计步骤

_____

_____

_____

_____

3. 列出工具清单（见表 5-14）

表 5-14　工具清单

序号	名称	版本	备注

4. 列出技术清单（见表 5-15）

表 5-15　技术清单

序号	名称	版本	备注

进行决策

1. 根据引导、构思、计划等，各自阐述设计方案。
2. 对其他人的设计方案提出自己不同的看法。
3. 教师结合大家完成的情况进行点评，并选出最佳方案。

知识准备

"使用 Seaborn 对招聘数据进行进一步分析"知识分布，如图 5-18 所示。

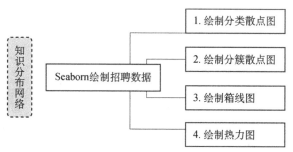

图 5-18　"使用 Seaborn 对招聘数据进行进一步分析"知识分布

1. 绘制分类散点图

与 Matplotlib 类似，Seaborn 也是在开发机器学习过程中常用的数据可视化工具。在开发环境下展示图形，它需要和 Matplotlib 搭配使用。相较 Matplotlib 而言，Seaborn 支持更多绘图场景。

Seaborn 是 Python 的一个三方库，需使用如下命令安装：

```
pip install Seaborn
```

样例 5-13：在本示例中，将展示如何使用 Seaborn 绘制分类散点图。首先导入 seaborn 包，再重命名为 sns，这是开发过程中行业约定俗成的一个规范。调用 sns 的 load_dataset 方法，第一个参数为数据集的名称。这里使用 sns 自带的数据集：titanic.csv。该数据集是机器学习中常用的用于预测泰坦尼克号乘客生存概率的数据集，完整的下载地址如下：

```
https://raw.githubusercontent.com/mwaskom/seaborn-data/master/titanic.csv
```

读者也可以使用随书源码内的文件，在调用 load_dataset 方法时，通过 data_home 参数指定 titanic.csv 文件的存放目录即可。

在如下代码中，通过 stripplot 绘制散点图。其参数 x 表示应用于横轴的数据，y 是纵轴的数据，data 是 load_dataset 函数的返回值。

```python
# -*- coding: utf-8 -*-#

import seaborn as sns
import matplotlib.pyplot as plt


sns.set(style="whitegrid")
titanic = sns.load_dataset("titanic", data_home=r" D:\seaborn-data")
sns.stripplot(x="class", y="age", data=titanic)
plt.show()
```

执行结果如图 5-19 所示，展示了不同等级的乘客的年龄分布。

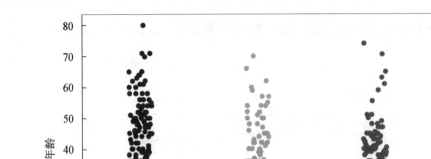

图 5-19　乘客等级与对应数量的分布情况

2. 绘制分簇散点图

样例 5-14：通过分类散点图可以看到数据的整体分布情况，但很多时候，需要具体看某一类数据，这时就需要排除其他数据的干扰。使用分簇散点图，就能看到单一维度数据的区间分布，具体代码如下。

```
# -*- coding: utf-8 -*-#

import seaborn as sns
import matplotlib.pyplot as plt

sns.set(style="whitegrid")
titanic = sns.load_dataset("titanic", data_home=r"D:\seaborn-data")
sns.swarmplot(x=titanic["fare"])
plt.show()
```

执行结果如图 5-20 所示，展示了 fare 属性的数据分布区间。

3. 绘制箱线图

样例 5-15：箱线图用于反映数据的集中情况，可以在一张图上同时展示上四分位、下四分位、中位数及离异值。以下代码，用于分析泰坦尼克号上，不同性别的年龄分布。

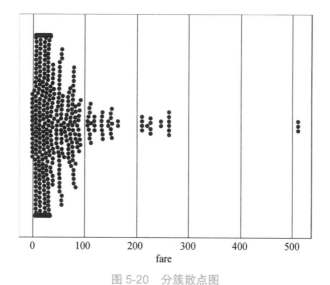

图 5-20　分簇散点图

```
# -*- coding: utf-8 -*-#

import seaborn as sns
import matplotlib.pyplot as plt

sns.set(style="whitegrid")
titanic = sns.load_dataset("titanic", data_home=r"D:\seaborn-data")
sns.boxplot(x="sex", y="age", data=titanic)
plt.show()
```

执行结果如图 5-21 所示，可以看到泰坦尼克号上，不管是男性还是女性，都是年轻人比较多。

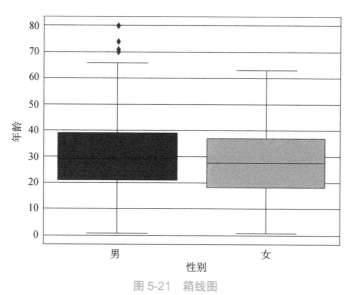

图 5-21　箱线图

4. 绘制热力图

样例 5-16：在本样例中，将使用 planets 数据集，该数据集包含在随书源码目录下。读者也可以从网络下载，完整的下载地址如下：

https://raw.githubusercontent.com/mwaskom/seaborn-data/master/planets.csv

planets 数据集记录了不同时间各行星与地球之间的距离和质量。为了观察各年的数据分布，可以调用 sns 的 heatmap 方法绘制热力图，具体代码如下。

```
# -*- coding: utf-8 -*-#

import matplotlib.pyplot as plt
import seaborn as sns


planets = sns.load_dataset("planets", data_home=r"D:\testseaborn")
planets = planets.pivot("distance", "year", "mass")
sns.heatmap(planets)
plt.show()
```

执行结果如图 5-22 所示。

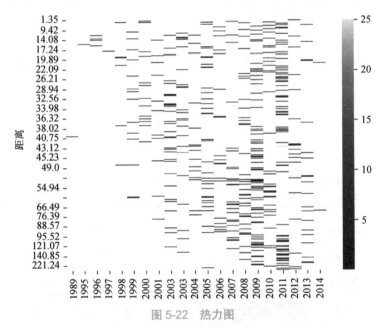

图 5-22   热力图

相关案例

按照本学习情景所涉及的知识面及知识点，对招聘数据进行分析，并观察哪些月份各城市的岗位需求比较集中。

1. 实现思路

若要分析数据分布，则可以使用散点图、气泡图、直方图来实现。但这些图都仅支持两个维度展示，而热力图可以支持三个维度，一次性展示的信息更多。

一般要进行多维度分析数据整体上的集中程度时，采用热力图较多。

2. 编程实现

具体代码如下所示。首先引入 Pandas，用于读取 CSV 文件并创建 DataFrame。本示例对应的数据源文件在随书源码下，名为 jobs.csv。由于数据集中的城市采用的是中文名称，因此需要设置 Matplotlib 的 rc 参数。再调用 DataFrame 对象的 pivot 函数，设置横轴是"city"，即值所在城市；左侧纵轴为"year"，指招聘岗位发布的年份；右侧纵轴为"count"，表示岗位数量。

```
# -*- coding: utf-8 -*-#

import pandas as pd
import matplotlib.pyplot as plt
import seaborn as sns

plt.rcParams["font.sans-serif"] = ["SimHei"]
plt.rcParams["axes.unicode_minus"] = False

path = r"D:\jobs.csv"
f = open(path, encoding='utf-8')
data = pd.read_csv(f)
data = data.pivot("year", "city", "count")
sns.heatmap(data)
plt.show()
```

执行结果如图 5-23 所示，可以看到各城市，2010 年到 2021 年招聘需求的分布。

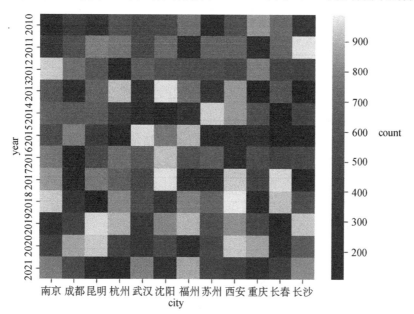

图 5-23　招聘数据整合分析

工作实施

按照制订的最佳实施方案进行项目开发，填充相应的工作流程内容。

评价反馈

各自完成学习情境的开发并展示作品，介绍任务的完成过程。作品展示前应准备阐述材料，并完成评价表 5-16、表 5-17、表 5-18。

1. 学生进行自我评价。

表 5-16　学生自评表

班级：		姓名：	学号：
学习情境 5.3	使用 Seaborn 对招聘数据进行进一步分析		
评价项目	评价标准	分值	得分
业务设计	能设计基本的分析业务	15	
业务实现	能根据业务通过 Seaborn 实现数据可视化	15	
方案制作	能快速、准确地制订工作方案	30	
项目开发能力	根据项目开发进度及应用状态评论开发能力	20	
工作质量	根据项目开发过程及成果评定工作质量	20	
合计		100	

2. 学生展示过程中，以个人为单位，对以上学习情境的结果进行互评。

表 5-17　学生互评表

学习情境 5.3		使用 Seaborn 对招聘数据进行进一步分析									
评价项目	分值	等级							评价对象			
									1	2	3	4
计划合理	10	优	10	良	9	中	8	差	6				
方案准确	10	优	10	良	9	中	8	差	6				
工作质量	20	优	20	良	18	中	15	差	12				

（续表）

学习情境 5.3		使用 Seaborn 对招聘数据进行进一步分析								
工作效率	15	优	15	良	13	中	11	差	9	
工作完整	10	优	10	良	9	中	8	差	6	
工作规范	10	优	10	良	9	中	8	差	6	
识读报告	10	优	10	良	9	中	8	差	6	
成果展示	15	优	15	良	13	中	11	差	9	
合计	100									

3. 教师对学生的工作过程和工作结果进行评价。

表 5-18　教师综合评价表

班级：		姓名：		学号：
学习情境 5.3		使用 Seaborn 对招聘数据进行进一步分析		
评价项目		评价标准	分值	得分
考勤（20%）		无无故迟到、早退、旷课现象	20	
工作过程（50%）	分析招聘数据	能设计业务并根据业务对数据进行可视化	10	
	方案制作	能快速、准确地制订工作方案	30	
	工作态度	态度端正，工作认真、主动	5	
	职业素质	能做到安全、文明、合法，爱护环境	5	
项目成果（30%）	工作完整	能按时完成任务	5	
	工作质量	能按计划完成工作任务	15	
	识读报告	能正确识读并准备成果展示各项报告材料	5	
	成果展示	能准确表达、汇报工作成果	5	
合计			100	

拓展思考

1. Seaborn 与 Matplotlib 的区别是什么？
2. 如何使用 Seaborn 同时分析多个变量？

单元 6　使用机器学习算法模型构建推荐系统

随着互联网的发展，各类信息也越聚越多。当用户进入某一个 App 或网站之后，总是希望能尽快地从海量信息中，找到自己感兴趣的部分。在用户寻找信息的过程中，花的时间越长，App 或网站流失该用户的可能性就越大。因此针对用户感兴趣的信息推荐系统应运而生。

推荐系统的推荐方法有基于内容的推荐、基于知识的推荐、基于效用的推荐、基于关联规则的推荐、协调过滤推荐、组合推荐。这些推荐方法几乎都使用到了机器学习方法。因此本单元将先介绍机器学习方法的基本原理，然后再介绍如何利用机器学习算法模型构建一个推荐系统。单元 6 教学导航如图 6-1 所示。

教学导航	知识重点	1. 机器学习原理 2. Spark API 3. Spark机器学习库
	知识难点	Spark机器学习库实现推荐系统
	推荐教学方式	先了解机器学习的基本原理，但不必深入背后的数学原理，应以实践操作为主
	建议学时	18学时
	推荐学习方法	先拷贝随书源码运行一遍看效果，然后归纳不同示例的共同点，总结编程思路
	必须掌握的理论知识	机器学习原理
	必须掌握的技能	推荐系统构建流程与SparkAPI

图 6-1　教学导航

学习情境 6.1　了解机器学习的基本原理

学习情境描述

教学导航

1. 学习情境

数据分析通常采用一般的统计学工具，比如求最大值、最小值、平均值、四分位数等，只能反映出数据的当前状态。然而通过机器学习算法，可以探索数据未来的发展趋势。其中，推荐系统是机器学习算法的一个典型应用。

如果要从零开发推荐系统，需要做大量的准备工作。为避免做一些不必要的原始工作，本单元利用 Spark 机器学习框架来构建推荐系统。因此，本学习情境的内容是：了解机器学习的基本原理和搭建 Spark 开发环境。

2. 关键知识点

（1）监督学习。

（2）无监督学习。

（3）机器学习操作流程。

3. 关键技能点

（1）机器学习操作流程。

（2）Spark 环境搭建。

学习目标

1. 了解什么是监督学习与无监督学习。
2. 了解机器学习的基本原理。
3. 了解机器学习的常用模型分类及其解决的问题。
4. 掌握使用分类模型来进行简单的趋势预测。

任 务 书

1. 了解机器学习的基本原理、流程。
2. 完成通过使用分类模型来进行数据预测。

获取信息

引导问题 1：使用机器学习模型来解决实际问题。

1. 什么是机器学习？

_____

_____

2. 机器学习的类型有哪些？

_____

_____

3. 机器学习的流程是什么？

_____

_____

4. 机器学习主要有哪些算法模型，分别解决了什么样的问题？

_____

_____

_____

_____

_____

_____

引导问题 2：构建推荐系统。

1. 什么是推荐系统？

_____

_____

2. 推荐系统有哪些实现方式？实现原理分别是什么？

_____

_____

_____

_____

_____

_____

_____

工作计划

1. 制订工作方案（见表 6-1）

表 6-1　工作方案

步骤	工作内容
1	
2	
3	
4	
5	
6	
7	
8	

2. 写出此工作方案中机器学习模型构建过程的步骤

_____

_____

_____

_____

3. 列出工具清单（见表 6-2）

表 6-2　工具清单

序号	名称	版本	备注

4. 列出技术清单（见表 6-3）

表 6-3　技术清单

序号	名称	版本	备注

进行决策

1. 根据引导、构思、计划等，各自阐述设计方案。
2. 对其他人的设计方案提出自己不同的看法。
3. 教师结合大家完成的情况进行点评，并选出最佳方案。

_____

_____

_____

_____

知识准备

"了解机器学习的基本原理"知识分布，如图 6-2 所示。

图 6-2　"了解机器学习的基本原理"知识分布

1. 机器学习原理

（1）监督学习与无监督学习

在深入了解机器学习之前，需要了解机器学习处理问题的基本逻辑。

这里举例说明：同学们平时在课堂上听老师讲课，学习教科书上的案例。学习完毕后，老师会进行随堂测验或者安排课后作业，用来检验同学们的学习效果。随堂测验、课后作业的内容与课堂讲解内容可能存在不同或部分相同的情况。其目的是让同学们进一步掌握、巩固这些知识点的核心原理，能够做到举一反三。

同学们把这些随堂测验、课后作业做完后，就可以对照参考答案来验证自己的回答。对于答错的地方，同学们可以总结经验，找到其中的规律，下一次遇到类似的情况就不会再犯错。

同学们经过一学期的学习和训练后，到了期末就会进行考试。考试过程中没有标准答案，同学们需要在没有标准答案的情况下，尽可能为每一道题找到正确答案。

使用机器学习解决工程问题的过程，和同学们的学习过程几乎完全一致。

在解决机器学习问题时，首先需要选择模型。针对不同的问题，比如回归问题、分类问题等，需要选择合适的模型。模型确定后，需要对模型进行训练。训练就相当于同学们上课的学习过程。课堂上，同学们听老师讲课，学习老师讲解的知识点；在模型训练过程中，程序不断给模型输入数据，模型分析数据，总结出自己观察到的规律，对于模型来讲，这个规律就是模型学习到的"知识点"。

在上课的时候，老师会讲解每一道题对应的正确答案；而模型在训练过程中，每一条数据，也会有一个对应的标记。这些原始数据，称为训练集，对应的标记称为标签或者标注。教师安排随堂测验、课后作业，是为了进一步提高同学们的解题能力；而对于模型来说，"课后作业"则称为测试集，测试集也有标签，甚至有部分数据和训练集相同，使用测试集测试模型的目的是提高模型的预测性能。性能是指模型对新数据的预测能力。预测得越准，性能越好。在模型训练过程中，对模型进行测试不是必需的，但建议这么做。

模型在经历了训练、测试过程后，同样会迎来"考试"，就是对模型输入它从未遇到过的数据，并让其尽可能输出正确的结果。"考试"的数据集称为验证集。验证集和训练集、测试完全不同。

至此，总结一下，机器学习的基本逻辑是什么？

机器学习的基本逻辑就是：使用带有标签的数据来训练算法模型，训练完成后使用数据来对其性能进行评估；直到模型在测试集上的性能指标达到预期，就用该模型来预测全新的数据。

机器学习模型究竟有什么用呢？

在地震预警领域，通过给模型输入大量数据，让模型充分了解这些数据特征，然后找到地震发生的规律。当有新的数据进入模型后，模型就可以及时反馈是否可能发生地震，从而降低经济财产损失。在农业生产领域，通过输入光照时长、农药用量、温度等数据，使模型获取其中的规律，来人工干预农作物生长，从而提高产量。

普通的数据分析主要分析数据当前的情况；而机器学习则通过数据分析，预测未来的情况。机器学习是人工智能的核心研究领域，恰逢当下大数据产业的快速发展，利用大数据、人工智能等技术，将进一步提高社会生产力，使整个社会运转得更为高效。

（2）算法模型

在解决机器学习问题时，需要根据问题选择合适的算法模型。比如预测连续值时，就可以采用线性回归模型；预测数据的类别时，就可以使用逻辑回归、决策树、随机森林、支持向量机、K 最近邻等模型；对数据进行聚类划分，就可以使用 K-Means 模型；当某特定的数据对象出现时，往往伴随着一些其他特征信息，为了挖掘该对象与其他特征之间的潜在含义，就可以使用 FP 树挖掘关联规则；针对个性化推荐，比如在网上经常浏览某一类型的资讯，久而久之，读者收到的咨询推送就会越来越类似。

随着技术的发展，可供开发者选择的模型越来越多，性能也越来越好。在实际应用中，开发者应根据数据的特征、问题的场景，来选择合适的算法模型。

2. 机器学习框架

实际上常用的算法模型，已经提供了很多机器学习框架，这里简要介绍如下。

（1）Caffe：全称为 Convolutional Architecture for Fast Feature Embedding，是一个兼具表达性、速度和思维模块化的深度学习框架，由伯克利人工智能研究小组、伯克利视觉和学习中心开发，支持 Python 接口，现已加入 PyTorch 项目。

（2）PyTorch：PyTorch 底层是 Torch 框架，但是使用 Python 重新开发了许多功能，使得其更加灵活且支持动态图，支持 Python 接口。

（3）Microsoft CNTK：CNTK 全称为 Microsoft Cognitive Toolkit，也称为 Microsoft 认知工具包。利用 CNTK 可以创建深度学习系统，例如，卷积神经网络、前馈神经网络、时间序列预测系统。

（4）Deeplearning4j：Deeplearning4j 是一套基于 Java 语言的神经网络工具包，基于该工具包可以构建神经网络。Deeplearning4j 与 Hadoop、Spark 集成，可以支持在大数据平台上进行模型训练。

（5）TensorFlow：TensorFlow 是一个基于数据流编程的符号数学系统，被广泛应用于各类机器学习算法的编程实现。利用 TensorFlow 可以构建强大的神经网络系统，支持 Python 接口。

（6）Keras：Keras 是一个用 Python 编写的高级神经网络 API，它能够以 TensorFlow、CNTK，或者 Theano 作为后端运行。

（7）Scikit-learn：Scikit-learn 也称为 sklearn。它具有各种分类、回归和聚类算法，包括支持向量机、随机森林、梯度提升、K 均值和 DBSCAN，并且旨在与 Python 数值科学库 NumPy 和 SciPy 联合使用。它是针对 Python 编程语言的免费软件机器学习库。

（8）Spark MLLlib：MLLlib 是 Spark 的机器学习（ML）库，其目标是让机器学习在大数据分析平台更易使用和扩展。在高层次 API 上，它提供了如下工具。

①常见的学习算法，如分类、回归、聚类和协作过滤。

②特征处理，如特征提取、转化、降维、特征选择。

③机器学习管道，如构建、评估和调整 ML 管道的工具。

④持久化，如保存和加载算法、模型和管道。

⑤基础数据处理库，如线性代数、统计学、数据处理等。

相关案例

引入 Spark

Spark 是大数据分析领域的重要框架，本案例将重点介绍 Spark 在机器学习领域的相关功能与编程实践。

在开始编程之前，需要搭建 Spark 的运行环境。

通过如下链接，下载 Spark 包：

```
https://mirrors.tuna.tsinghua.edu.cn/apache/spark/spark-2.4.8/spark-2.4.
8-bin-hadoop2.7.tgz
```

下载完毕后直接在 Windows 平台上解压，设置环境变量。如图 6-3 所示，在系统变量中，新建 SPARK_HOME 环境变量，并填入 Saprk 解压后的路径。注意，路径中不能有中文、空格、乱码。

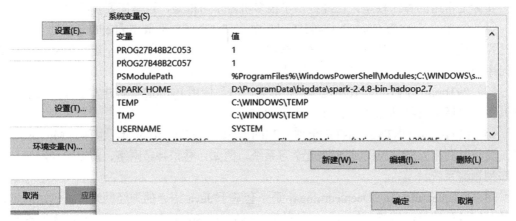

图 6-3　配置环境变量

由于 Spark 依赖 Hadoop，因此需要下载 Hadoop2.7 的安装包，下载地址如下：

```
http://archive.apache.org/dist/hadoop/core/hadoop-2.7.7/hadoop-2.7.7.tar.gz
```

同样，下载之后进行解压，并配置环境变量，如图 6-4 所示。

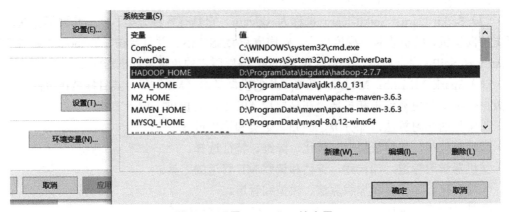

图 6-4　配置 Hadoop 环境变量

同时，还需要在 Path 中设置 Spark 和 Hadoop 的 bin 路径，如图 6-5 所示。

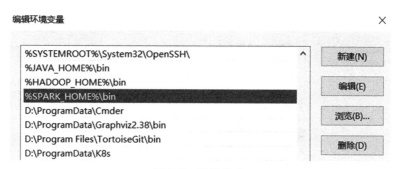

图 6-5　配置 Path

由于是在 Windows 上配置 Hadoop 的，因此需要下载相应的 winutils.exe，下载地址如下：

```
https://codeload.github.com/cdarlint/winutils/zip/refs/heads/master
```

下载完毕后解压，如图 6-6 所示。

hadoop-2.6.5	2021/6/10 22:19	文件夹
hadoop-2.7.3	2021/6/10 22:19	文件夹
hadoop-2.7.4	2021/6/10 22:19	文件夹
hadoop-2.7.6	2021/6/10 22:19	文件夹
hadoop-2.7.7	2021/6/10 22:19	文件夹
hadoop-2.8.0	2021/6/10 22:19	文件夹
hadoop-2.8.1	2021/6/10 22:19	文件夹
hadoop-2.8.2	2021/6/10 22:19	文件夹
hadoop-2.8.3	2021/6/10 22:19	文件夹
hadoop-2.8.4	2021/6/10 22:19	文件夹
hadoop-2.8.5	2021/6/10 22:19	文件夹
hadoop-2.9.0	2021/6/10 22:19	文件夹
hadoop-2.9.1	2021/6/10 22:19	文件夹
hadoop-2.9.2	2021/6/10 22:19	文件夹
hadoop-3.0.1	2021/6/10 22:19	文件夹
hadoop-3.0.2	2021/6/10 22:19	文件夹
hadoop-3.1.0	2021/6/10 22:19	文件夹
hadoop-3.1.1	2021/6/10 22:19	文件夹
hadoop-3.1.2	2021/6/10 22:19	文件夹
hadoop-3.2.0	2021/6/10 22:19	文件夹
hadoop-3.2.1	2021/6/10 22:19	文件夹
README.md	2019/10/9 9:23	MD 文件	1 KB

图 6-6　解压 winutils.exe 文件

将其中 2.7.7 目录下 bin 子目录中的文件复制到 Hadoop 的 bin 目录下进行替换，操作完毕后重启计算机。

接下来，将通过一个实例初步认识一下 Spark 模型训练与数据预测的流程。首先创建一个 Python 项目，在项目结构处，添加 Spark Python 包，如图 6-7 所示。

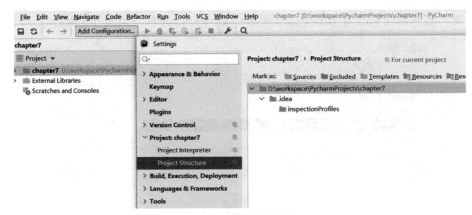

图 6-7　配置项目结构

单击右边的"Add Content Root"，将添加 Python 目录下的 py4j-0.10.7-src.zip 和 pyspark.zip 包引入项目中，如图 6-8 所示。

引入该包的原因是，Spark 是利用 Scala 程序开发的，运行在 JVM 之中。基于 Python 开发 Saprk 程序，就涉及 Python 与 JVM 之间共享对象，实质就是需要建立通信。因此在项目中必须引入这两个包，否则程序无法正常运行。

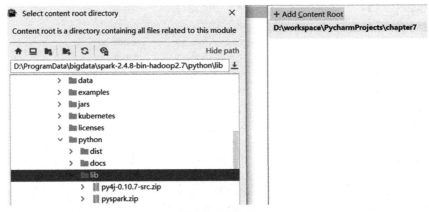

图 6-8　引入包

引入完毕后新建一个 Python 文件，并输入以下代码。该实例描述了基于 Spark 开发的一个线性回归模型，具体开发步骤见代码注释：

```python
# -*- coding: utf-8 -*-#
from pyspark.ml.linalg import Vectors

from pyspark.ml.feature import VectorAssembler, PolynomialExpansion

from pyspark.ml.regression import LinearRegression
from pyspark.sql import SparkSession
# 创建spark对象
spark = SparkSession.builder.appName("线性回归").getOrCreate()
path = r"example.txt"
```

```
# 加载数据
data = spark.read.format("csv").option("inferSchema", "true").load(path)
# 创建数据向量汇编器
assembler = VectorAssembler(inputCols=['_c0'], outputCol='features')
# 将读取的数据转换为dataframe
vector_df = assembler.transform(data)
# 拆分测试集
test_data = [(Vectors.dense([80]),)]
test_df = spark.createDataFrame(test_data, ["features"])
# 创建线性回归模型
lr_1 = LinearRegression(maxIter=10, regParam=0.5, elasticNetParam=0.7,
labelCol="_c1")
# 训练模型
lr_model_1 = lr_1.fit(vector_df)
# 在测试集上进行预测
pred_1 = lr_model_1.transform(test_df)
print("线性回归预测：")
# 输出预测结果
pred_1.show()
```

正常执行结果如图 6-9 所示，对于特征值 80 的预测值为 51948.31635083457。

```
线性回归预测：
+--------+-----------------+
|features|       prediction|
+--------+-----------------+
|  [80.0]|51948.31635083457|
+--------+-----------------+
```

图 6-9　数据预测结果

工作实施

按照制订的最佳实施方案进行项目开发，填充相应的工作流程内容。

评价反馈

各自完成学习情境的开发并展示作品，介绍任务的完成过程。作品展示前应准备阐述材料，并完成评价表 6-4、表 6-5、表 6-6。

1. 学生进行自我评价。

表 6-4　学生自评表

班级：		姓名：		学号：
学习情境 6.1	了解机器学习的基本原理			
评价项目	评价标准		分值	得分
机器学习基本原理	了解机器学习的基本原理		10	
机器学习框架	了解机器学习的常用框架		10	
方案制作	能快速、准确地制订工作方案		10	
机器学习工作流程	了解机器学习模型训练的过程		30	
项目开发能力	根据项目开发进度及应用状态评价开发能力		20	
工作质量	根据项目开发过程及成果评定工作质量		20	
合计			100	

2. 学生展示过程中，以个人为单位，对以上学习情境的结果进行互评。

表 6-5　学生互评表

学习情境 6.1		了解机器学习的基本原理							评价对象			
评价项目	分值	等级							1	2	3	4
计划合理	10	优	10	良	9	中	8	差	6			
方案准确	10	优	10	良	9	中	8	差	6			
工作质量	20	优	20	良	18	中	15	差	12			
工作效率	15	优	15	良	13	中	11	差	9			
工作完整	10	优	10	良	9	中	8	差	6			
工作规范	10	优	10	良	9	中	8	差	6			
识读报告	10	优	10	良	9	中	8	差	6			
成果展示	15	优	15	良	13	中	11	差	9			
合计	100											

3. 教师对学生的工作过程和工作结果进行评价。

表 6-6　教师综合评价表

班级：		姓名：		学号：	
学习情境 6.1		了解机器学习的基本原理			
评价项目		评价标准		分值	得分
考勤（20%）		无无故迟到、早退、旷课现象		20	
工作过程（50%）	环境管理	能正确配置 Spark 开发环境		20	
	方案制作	能快速、准确地制订工作方案		5	
	机器学习原理	能理解机器学习的基本原理		15	
	工作态度	态度端正，工作认真、主动		5	
	职业素质	能做到安全、文明、合法，爱护环境		5	
项目成果（30%）	工作完整	能按时完成任务		5	
	工作质量	能按计划完成工作任务		15	
	识读报告	能正确识读并准备成果展示各项报告材料		5	
	成果展示	能准确表达、汇报工作成果		5	
合计				100	

拓展思考

1. 什么是监督学习？
2. 监督学习与无监督学习的区别是什么？
3. 机器学习的基本原理是什么？

学习情境 6.2　使用 Spark API 进行数据分析

学习情境描述

1. 学习情境

为了利用 Spark 机器学习库中的 API 构建推荐系统，需要提前了解 Spark 如何处理数据。因此本学习情境就是介绍 Spark RDD/Dataframe 相关 API 的应用。

2. 关键知识点

（1）弹性分布式数据集。

（2）Dataframe。

（3）数据统计。

3. 关键技能点

（1）数据加载。

（2）数据统计。

（3）数据保存。

学习目标

1. 掌握 Spark 加载数据的方式。

2. 掌握如何创建 RDD。

3. 掌握如何创建 Dataframe。

4. 掌握如何使用相关 API 进行数据分析。

5. 掌握如何保存分析结果。

任 务 书

1. 熟练使用 Spark API。

2. 熟练加载与保存数据。

获取信息

引导问题 1：使用 Spark 进行数据分析。

1. 如何加载数据？

_____

_____

_____

2. 什么是 RDD？

_____

_____

_____

引导问题 2：使用 Spark Dataframe 编程。

1. Spark Dataframe 是什么？

_____

_____

_____

2. Spark SQL 与 Dataframe 的关系是什么？

_____

_____

_____

工作计划

1. 制订工作方案（见表 6-7）

表 6-7　工作方案

步骤	工作内容
1	
2	
3	
4	
5	
6	
7	
8	

2. 写出此工作方案中数据分析的开发步骤

3. 列出工具清单（见表 6-8）

表 6-8　工具清单

序号	名称	版本	备注

4. 列出技术清单（见表 6-9）

表 6-9　技术清单

序号	名称	版本	备注

进行决策

1. 根据引导、构思、计划等，各自阐述自己的设计方案。
2. 对其他人的设计方案提出自己不同的看法。
3. 教师结合大家完成的情况进行点评，并选出最佳方案。

_____

_____

_____

知识准备

"使用 Spark API 进行数据分析"知识分布如图 6-10 所示。

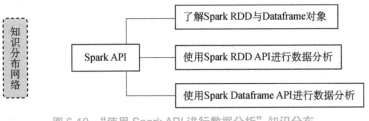

Spark RDD 编程

Spark Dataframe 编程

图 6-10 "使用 Spark API 进行数据分析"知识分布

1. 了解 Spark RDD 与 Dataframe 对象

RDD 全称是 Resiliennt Distributed Datasets，其含义为弹性分布式数据集。RDD 是一种特殊的数据集合，一个 RDD 对象由多个数据分区构成，这些数据分区可以分散在集群中的不同节点上。

RDD 是只读的。Spark 引擎加载离线数据后可以直接生成 RDD 对象，此时，RDD 对象中的内容是不可修改的。如果需要对加载后的数据进行处理，需要调用相关算子对当前 RDD 进行转换，生成新的 RDD。

RDD 一般用于加载非结构化数据，RDD 数据集中的每一项对应文件中的一行。

由于 RDD 不存在结构化信息，在使用过程中较为不便，因此在 Spark1.6 之后主推使用 Dataframe 或 DataSet 对象。

在 PySpark 中，Spark SQL 操作的基本对象就是 Dataframe。Dataframe 包含了数据的行列信息，比如数据类型、数据列名称等。简单来说，Dataframe 相当于是在内存中映射的一章数据库表，但 Dataframe 是分布式的，使用 Dataframe 可以充分利用集群的资源，使得运算更为高效。

创建一个 Dataframe 对象有多种方式，比如直接读取结构化数据、读取数据库中的表、读取 Hive 数据仓库中的表、基于 RDD 对象进行转换。

Spark SQL 是一个用于结构化数据处理的模块。Spark SQL 提供的接口为 Spark 提供了有关数据结构和正在执行的计算的更多信息。在内部，Spark SQL 使用这些额外的信息来执行更多的优化。

在基于 Spark Dataframe 开发功能的场景中，大多数都是利用 Dataframe 的 API 来实现各种业务的。因此一般情况下，只要掌握了 Dataframe 的相关 API，就能应对绝大多数数据分析的场景。

Spark SQL 是 Spark 提供的一个重要模块，Spark SQL Shell 也是 Spark 提供的一个极为重要的 Shell 工具。该工具方便了 DBA、运维之类的角色，能够直接写 SQL 语句对数据进行分析。但是在使用 SQL 语句之前，仍然需要创建 Dataframe，并将 Dataframe 转换成一张表，最终基于表进行 SQL 分析。

Dataframe 是分析结构化数据的重要基础。在 Spark2.0 之后，使用 SparkMLib 构建机器学习模型，主要使用的数据结构也是 Dataframe。掌握 Dataframe 相关 API，对快速开发模型大有裨益。

接下来将重点介绍几个在开发机器学习模型过程中会经常用到的 API。

2. 使用 Saprk RDD API 进行数据分析

（1）map

样例 6-1：data 列表中存放的是每门课程对应的分数。这里调用 sc.parallelize 函数，基于 data 列表创建 RDD。在 RDD 对象上调用 map 函数，可以将每一行课程信息转为键值对结构。

```python
from pyspark.sql import SparkSession

spark = SparkSession.builder \
.master('local[1]') \
.appName('数据映射') \
.getOrCreate()
sc = spark.sparkContext
data = ["英语,90", "数学,98", "语文,89", "地理,92", "地理,96", "数学,93", ]
rdd = sc.parallelize(data)
rdd.map(lambda item: (item.split(",")[0], 1)).foreach(print)
```

执行结果如图 6-11 所示，展示了输出 map 函数转换后的结果。

```
('数学', 1)
('语文', 1)
('地理', 1)
('地理', 1)
('数学', 1)
```

图 6-11　输出键值对形式的 RDD

（2）reduceByKey

样例 6-2：reduceByKey 函数，可以根据键值对 RDD 中的键进行递归处理。在本样例中，调用 reduceByKey 函数计算每门课程的总分，具体代码如下：

```python
from pyspark.sql import SparkSession
```

```
spark = SparkSession.builder \
.master('local[1]') \
.appName('数据递归求和') \
.getOrCreate()
sc = spark.sparkContext
data = ["英语,90", "数学,98", "语文,89", "地理,92", "地理,96", "数学,93", ]
rdd = sc.parallelize(data)
new_rdd        =        rdd.map(lambda    item:    (item.split(",")[0],
int(item.split(",")[1]))). \
reduceByKey(lambda x, y: x + y)

new_rdd.foreach(print)
```

执行结果如图 6-12 所示。

('英语', 90)
('数学', 191)
('语文', 89)
('地理', 188)

图 6-12　输出每门课程总分

（3）count 与 countByValue

样例 6-3：count 函数用于计算 RDD 中的数据行数；countByValue 函数用于计算每个元素的出现次数。

```
from pyspark.sql import SparkSession

spark = SparkSession.builder \
.master('local[1]') \
.appName('统计个数') \
.getOrCreate()
sc = spark.sparkContext
data = ["英语,90", "数学,98", "语文,89", "地理,92", "地理,96", "数学,93", ]
rdd = sc.parallelize(data)
new_rdd = rdd.map(lambda item: (item.split(",")[0], 1))
print("RDD 的数据项数量: ")
print(new_rdd.count())
print("输出每一项出现的次数: ")
dic = new_rdd.countByValue()
for kv in dic.items():
print(kv)
```

执行结果如图 6-13 所示。

RDD的数据项数量：
6
输出每一项出现的次数：
(('英语', 1), 1)
(('数学', 1), 2)
(('语文', 1), 1)
(('地理', 1), 2)

图 6-13　输出统计结果

3. 使用 Spark Dataframe API 进行数据分析

（1）select

样例 6-4：从 Dataframe 中选择指定列。在 Spark1.6 版本后，主推的数据操作对象是 Dataframe。在 Java/Scala 语言中，Dataframe 是 DataSet 对象。前已提过，Dataframe 类似于数据库中的一张表。所以 Spark 操作 Dataframe 时，提供了 SQL 中 Select 语句类似的 API。

整个 Spark 程序，也称为算子。Spark 程序有一个入口，地址如下。

```
from pyspark.sql import SparkSession

spark = SparkSession \
.builder \
.appName("Python Spark SQL basic example") \
.config("spark.some.config.option", "some-value") \
.getOrCreate()
```

在开发 PySpark 程序时，首先需要导入 SparkSession 模块，然后使用 getOrCreate 方法，创建或者获取一个 SparkSession 的实例对象。getOrCreate 方法包含两个层面的意思，即获取或者创建，意思是：在当前这个算子中，如果已经存在一个会话对象，就复用现成的，没有则创建一个。这个会话，实际上是建立一个与 Spark 引擎的 Socket 的连接。创建新连接会相对比较耗时，因此采用 get 方式，以此来复用会话。

创建连接之后，就可以使用 Spark 的 read.json 方法读取一个结构化数据的文件，比如 JSON。此时会自动创建一个 Dataframe 对象。调用 Dataframe 对象的 show 方法可以输出其中数据。

```
df = spark.read.json(r"people.json")
df.show()
```

输出结果如图 6-14 所示。

select 方法功能强大，可以直接选择指定列，同时还支持调用"udf"，即用户自定义函数。在如下代码中，select("age")表示选择 age 列；select(to_upper("name").alias('newName'))表示在选择过程中，同时调用了用户自定义函数 to_upper。Dataframe 中的 name 列的值会逐个传入该函数，并转为大写。alias 函数的作用是将转换后的列进行重命名。

```
+----+-------+
| age|   name|
+----+-------+
|null|Michael|
|  30|   Andy|
|  19| Justin|
+----+-------+
```

图 6-14　输出 Dataframe 对象中的数据

```
from pyspark.sql.functions import udf
from pyspark.sql import SparkSession

spark = SparkSession.builder \
.master('local[1]') \
.appName('your app name') \
.getOrCreate()

df = spark.read.json(r"people.json")
df.select("age").show()

@udf
def to_upper (s):
if s is not None:
return s.upper()

df.select(to_upper("name").alias('newName')).show()
```

执行结果如图 6-15 所示。

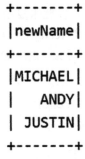

```
+-------+
|newName|
+-------+
|MICHAEL|
|   ANDY|
| JUSTIN|
+-------+
```

图 6-15　转换列并重命名

（2）filter 和 where

样例 6-5：filter 和 where 函数的使用方法与返回结果相同，均为在函数中指定过滤条件，然后返回一个新的 Dataframe。

```
from pyspark.sql.functions import udf
from pyspark.sql import SparkSession
```

```
spark = SparkSession.builder \
.master('local[1]') \
.appName('your app name') \
.getOrCreate()

df = spark.read.json(r"people.json")
print("filter:")
df.filter("age=19").show()
print("where:")
df.where("age=30 or name='andy'").show()
```

执行结果如图 6-16 所示，展示了输出过滤后的数据。

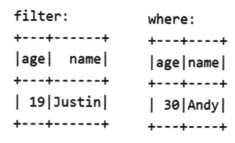

图 6-16　筛选出的数据

（3）union、groupBy、GroupedData 对象与 sort

样例 6-6：union 是将多个 Dataframe 列纵向合并在一起；groupBy 用于对指定列进行分组；GroupedData 对象是 groupBy 函数调用的结果，其中支持 max、count、sum 等数据聚合功能；sort 函数，则用于对数据进行排序。

```
from pyspark.sql import SparkSession

spark = SparkSession.builder \
.master('local[1]') \
.appName('your app name') \
.getOrCreate()

df = spark.read.json(r"people.json")
df1=spark.read.json(r"people1.json")
df2=df.union(df1)
print("不同年龄的人数：")
df2.groupBy("age").count().show()
print("对年龄进行排序：")
df2.orderBy("age").show()
```

执行结果如图 6-17 所示，显示了不同年龄的人数与按年龄排序的结果。

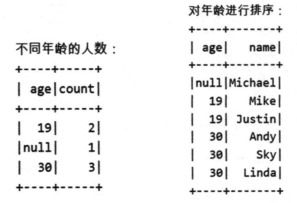

图 6-17　显示统计与排序结果

（4）withColumn 与 withColumnRenamed

样例 6-7：withColumn 函数用于给 Dataframe 新增一列，并返回新的 Dataframe 对象；withColumnRenamed 函数用于对 Dataframe 对象的列进行重命名。

```
from pyspark.sql.functions import udf
from pyspark.sql import SparkSession
spark = SparkSession.builder \
.master('local[1]') \
.appName('your app name') \
.getOrCreate()
df = spark.read.json(r"people1.json")
@udf
def set_name(s):
return "hops " + s

print("添加列，并返回新的 df: ")
df1=df.withColumn("fullname", set_name(df.name))
df1.show()
print("修改列名: ")
df1.withColumnRenamed("fullname","myname").show()
```

执行结果如图 6-18 所示，输出了添加列与修改列名的执行结果。

```
添加列，并返回新的df:
+---+-----+----------+
|age| name|  fullname|
+---+-----+----------+
| 30|  Sky|  hops Sky|
| 30|Linda|hops Linda|
| 19| Mike| hops Mike|
+---+-----+----------+
```

```
修改列名:
+---+-----+----------+
|age| name|    myname|
+---+-----+----------+
| 30|  Sky|  hops Sky|
| 30|Linda|hops Linda|
| 19| Mike| hops Mike|
+---+-----+----------+
```

图 6-18　添加列与修改列名

（5）执行 SQL 语句

样例 6-8：Spark 引擎支持直接写 SQL 语句进行数据分析。具体代码如下，调用 Dataframe 对象的 createOrReplaceTempView 函数创建临时表，然后调用 Spark 对象的 sql 函数，在其中直接传入标准 SQL 语句，即可对数据进行过滤与分组查询。

```
from pyspark.sql import SparkSession
spark = SparkSession.builder \
.master('local[1]') \
.appName('your app name') \
.getOrCreate()

df = spark.read.json(r"people1.json")
df.createOrReplaceTempView("people")
print("过滤数据: ")
spark.sql(" select * from people where age=30 ").show()
print("分组统计: ")
spark.sql(" select age,count(1) from people group by age").show()
```

执行结果如图 6-19 所示。

图 6-19　输出过滤与分组结果统计结果

相关案例

在前面的知识点中，介绍了如何使用 Spark RDD、Dataframe 的 API 进行数据处理。本案例将从实际应用出发，介绍 RDD 与 Dataframe 的综合应用。

在前面的学习情景中，采集到的岗位信息保存在 job_info.txt 文件内，现要求统计有多少岗位在招聘。

实际上，利用 Spark 相关的 API 实现此功能是相对简便的。首先，读取文本文件生成 RDD；然后调用 RDD 的 map 函数，分割数据行；之后调用 spark.createDataFrame 函数基于 map 后的 RDD 创建 Dataframe；最后，基于 Dataframe 创建一张临时表，通过写 SQL 语句完成最终的数据分析。具体代码如下：

```
from pyspark.sql import Row, SparkSession

spark = SparkSession.builder \
```

```
    .master('local[1]') \
    .appName('统计岗位数量') \
    .getOrCreate()

# 读取文本数据
lines = spark.read.text(r"job_info.txt").rdd
parts = lines.map(lambda row: row.value.split(","))
rdd = parts.map(lambda p: Row(jobName= p[0],
company= p[1],
address= p[2]))
df = spark.createDataFrame(rdd)
df.createOrReplaceTempView("job_info")
data = spark.sql(" select jobName,count(*) from job_info group by jobName
")
data.show()
```

执行结果如图 6-20 所示。

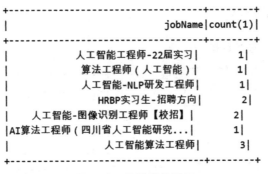

```
+-----------------------------------+--------+
|                            jobName|count(1)|
+-----------------------------------+--------+
|              人工智能工程师-22届实习|       1|
|               算法工程师（人工智能）|       1|
|            人工智能-NLP研发工程师|       1|
|                 HRBP实习生-招聘方向|       2|
|       人工智能-图像识别工程师【校招】|       2|
|AI算法工程师（四川省人工智能研究...|       1|
|                    人工智能算法工程师|       3|
+-----------------------------------+--------+
```

图 6-20　统计岗位数量

本案例涉及的场景在实际工作中非常普遍，比如处理用户信息、处理系统日志等，背后的核心思想与主要处理逻辑均与此类似。

工作实施

按照制订的最佳实施方案进行项目开发，填充相应的工作流程内容。

评价反馈

各自完成学习情境的开发并展示作品，介绍任务的完成过程。作品展示前应准备阐述材料，并完成评价表 6-10、表 6-11、表 6-12。

1. 学生进行自我评价。

表 6-10 学生自评表

班级：		姓名：	学号：	
学习情境 6.2	使用 Spark API 进行数据分析			
评价项目	评价标准		分值	得分
RDD 对象 API	能正确、熟练使用 RDD 对象的 API		15	
Dataframe 对象 API	能正确、熟练使用 Dataframe 对象的 API		15	
方案制作	能快速、准确地制订工作方案		10	
数据分析开发	能根据方案设计开发流程并实现		20	
项目开发能力	根据项目开发进度及应用状态评论开发能力		20	
工作质量	根据项目开发过程及成果评定工作质量		20	
合计			100	

2. 学生展示过程中，以个人为单位，对以上学习情境的结果进行互评。

表 6-11 学生互评表

学习情境 6.2		使用 Spark API 进行数据分析										
评价项目	分值	等级							评价对象			
									1	2	3	4
计划合理	10	优	10	良	9	中	8	差	6			
方案准确	10	优	10	良	9	中	8	差	6			
工作质量	20	优	20	良	18	中	15	差	12			
工作效率	15	优	15	良	13	中	11	差	9			
工作完整	10	优	10	良	9	中	8	差	6			
工作规范	10	优	10	良	9	中	8	差	6			
识读报告	10	优	10	良	9	中	8	差	6			
成果展示	15	优	15	良	13	中	11	差	9			
合计	100											

3. 教师对学生的工作过程和工作结果进行评价。

表 6-12　教师综合评价表

班级：		姓名：		学号：
学习情境 6.2		使用 Spark API 进行数据分析		
评价项目		评价标准	分值	得分
考勤 (20%)		无无故迟到、早退、旷课现象	20	
工作过程 (50%)	RDD 对象 API	能正确、熟练使用 RDD 对象的 API	15	
	Dataframe 对象 API	能正确、熟练使用 Dataframe 对象的 API	5	
	方案制作	能快速、准确地制订工作方案并实现	20	
	工作态度	态度端正，工作认真、主动	5	
	职业素质	能做到安全、文明、合法，爱护环境	5	
项目成果 (30%)	工作完整	能按时完成任务	5	
	工作质量	能按计划完成工作任务	15	
	识读报告	能正确识读并准备成果展示各项报告材料	5	
	成果展示	能准确表达、汇报工作成果	5	
合计			100	

拓展思考

1. RDD 的使用场景是什么？
2. 如何基于 RDD 构建 Dataframe？

学习情境 6.3　使用 SparkMLib 构建推荐系统

学习情境描述

1. 学习情境

SparkMLib 是 Spark 框架的一个组件，里面包含了大量的、已经实现了的机器学习算法；同时，还包含了实现机器学习过程的特征提取、特征转换等步骤。本学习情境的内容是：利用 SparkMLib 库的 API，完成推荐系统的构建。

2. 关键知识点

（1）特征处理。

（2）特征转换。

（3）特征选择。

（4）模型构建。

3. 关键技能点

（1）模型构建。

（2）模型训练。

（3）模型应用。

学习目标

1. 掌握如何进行特征处理。

2. 掌握如何构建、训练模型。

3. 掌握如何使用模型预测数据。

4. 掌握如何构建推荐系统。

任 务 书

1. 熟练使用 SparkMLib 相关的 API。

2. 熟练运用相关模型进行特征处理。

3. 能够构建模型并训练，然后进行推荐。

获取信息

引导问题 1：特征提取的用途。

1. 什么是特征？

_____

_____

2. 如何进行特征提取？

_____

_____

引导问题 2：特征转换。

1. 为什么需要对特征进行转换？

_____

_____

2. 特征转换的方式有哪些？

_____

_____

_____

_____

引导问题 3：推荐系统。

1. 推荐系统的原理是什么？

_____

2. 推荐系统有哪些分类？

_____

_____

_____

3. 基于 FP 模式的推荐与基于 CF 模式的推荐之间的区别是什么？

_____

_____

_____

_____

工作计划

1. 制订工作方案（见表 6-13）

表 6-13　工作方案

步骤	工作内容
1	
2	
3	
4	
5	
6	
7	
8	

2. 写出此工作方案中模型训练与物品推荐的步骤

_____

_____

3. 列出工具清单（见表 6-14）

表 6-14　工具清单

序号	名称	版本	备注

4. 列出技术清单（见表 6-15）

表 6-15　技术清单

序号	名称	版本	备注

进行决策

1. 根据引导、构思、计划等，各自阐述自己的设计方案。
2. 对其他人的设计方案提出自己不同的看法。
3. 教师结合大家完成的情况进行点评，并选出最佳方案。

_____

_____

_____

知识准备

"使用 SparkMLib 构建推荐系统"知识分布如图 6-21 所示。

图 6-21　"使用 SparkMLib 构建推荐系统"知识分布

在机器学习这个领域，对象的属性称为对象特征。创建 Dataframe 对象，本质上就是构建一个数据特征的集合。训练集、验证集、测试集都可以理解为数据特征集合。

1. 特征提取

在模型的训练、转换过程中，操作的是 Dataframe 对象。特征提取就是针对 Dataframe 对象的各特征列，进行关键信息提取，比如计算各词语出现的次数、各词语的 Hash 值。

提取特征的算法模型有很多，开发者可以根据需求选择合适的模型。这里就几种常用模型进行简要说明。

- TF-IDF：在 Spark 中包含 HashingTF、IDF 两个对象。TF-IDF 用以评估字词对于一个文件集或一个语料库中的其中一份文件的重要程度。
- CountVectorizer：计算特征次数并转为向量。
- FeatureHasher：将指定特征列转为 Hash 值的向量。
- Word2Vec：将词转为向量。

样例 6-9：以下代码演示如何使用 Spark 自带的 Word2Vec 算法模型把词语转为特征向量的过程。

```python
from pyspark.ml.feature import Word2Vec
from pyspark.sql import SparkSession


spark = SparkSession.builder \
.master('local[1]') \
.appName('特征提取') \
.getOrCreate()
documentDF = spark.createDataFrame([
("我 喜欢 研究 人工智能".split(" "), ),
("机器学习 是 一门 值得研究的 领域".split(" "), ),
("数据 处理 分析 是 人工智能 基础".split(" "), )
], ["text"])


# 将文字内容转换成特征向量
word2Vec = Word2Vec(vectorSize=4, minCount=0, inputCol="text",
outputCol="result")
# 训练模型
model = word2Vec.fit(documentDF)
# 转换为向量
result = model.transform(documentDF)
for row in result.collect():
text, vector = row
print("原始文档: \n[%s] => 转换后的向量: \n%s" % (",".join(text), str(vector)))
```

执行结果如图 6-22 所示，输出了提取的特征向量。三行文本内容，每一行对应一个特征向量。

```
原始文档:
[我, 喜欢, 研究, 人工智能] => 转换后的向量:
[-0.00952475774101913,-0.0009328583255410194,-0.03307737270370126,-0.012730806920444593]
原始文档:
[机器学习, 是, 一门, 值得研究的, 领域] => 转换后的向量:
[0.02882919069379568,0.03826017305254936,-0.057995510101318364,0.08370120599865914]
原始文档:
[数据, 处理, 分析, 是, 人工智能, 基础] => 转换后的向量:
[-0.03394822081706176,0.00820317460844914,-0.007725736126303673,0.00879411647717158]
```

图 6-22　输出特征向量

2. 特征转换

有了特征值之后，如果数据不满足期望，还需要对特征做进一步的转换。这里简要介绍几种常用的转换模型。

● Tokenizer：分词器。在样例 6-9 中，每一行句子通过 split（" "）进行了分词。但在实际工作中，获取到的原始数据是不可能直接通过 split（" "）进行分词的，因为中文句子都是用逗号、冒号、句号等符号来断句的。因此，对于这样的特征就需要使用专门的分词器进行特征转换。

● StringIndexer：字符串索引器。在机器学习的众多算法模型中，很多数据都是需要进行数学运算、概率运算的，而原始的字符串数据无法直接传入模型中。因此，可以将字符串转换为对应的索引值，这时就会用到 StringIndexer 字符串索引器。在模型运行完毕后，还可以使用 IndexToString 将索引转换为原始的字符串。

● OneHotEncoder：独热编码器，用于映射一个分类特征，具体使用标签索引来表示数据。比如，数字 0~9，如果某个特征值为 5，那么独热编码的结果为 0000010000。

● VectorAssembler：向量汇聚器，是较为常用的特征转换工具。它可以将输入的多个特征列转换为一个特征向量列。尤其是在回归模型中，它常用来汇聚特征值。

除以上几种转换工具外，Spark 还提供了 StandardScaler、MinMaxScaler、PCA、StopWordsRemover 等各种场景下的转换器，开发者可根据业务需求灵活选用。

样例 6-10：以下代码演示如何使用 VectorAssembler 汇聚特征列。

```
from pyspark.ml.feature import VectorAssembler
from pyspark.sql import SparkSession

spark = SparkSession.builder \
.master('local[1]') \
.appName('特征转换') \
.getOrCreate()
dataset = spark.createDataFrame(
[(1001, 18, 1.6, 52, 1),(1002, 19, 1.4, 48, 0),(1003, 17, 2.0, 92, 1)],
["userId", "age", "height", "weight", "overWeight"])

assembler = VectorAssembler(
inputCols=["height", "weight"],
outputCol="features")

output = assembler.transform(dataset)
print("汇聚 height、weight 两个列到 features 列，形成特征向量列：")
output.select("features", "overWeight").show()
```

执行结果如图 6-23 所示。

汇聚 height、weight 两个列到 features 列，形成特征向量列：

```
+----------+----------+
|  features|overWeight|
+----------+----------+
|[1.6,52.0]|         1|
|[1.4,48.0]|         0|
|[2.0,92.0]|         1|
+----------+----------+
```

图 6-23　输出特征向量列

3. 特征选择

样例 6-11 数据集中，一般会存在多个特征，然而只有部分特征能够明显表征该条数据对象。如图 6-24 所示，特征列有 4 个列，标签列是前面每一行特征对应的标签值。观察这些特征列，可以看到前面 3 列的数值相互之间差距较小，第 4 列差距较大。因此可以推测，该行数据的标签值，主要受到了第 4 列值的影响。

特征列	标签
14.0, 3.0, 16.1, 1.0	1.0
15.0, 3.0, 16.0, 0.1	0.0
14.0, 4.0, 16.1, 0.12	0.0

图 6-24　特征数据

上面的描述只通过主观感受来推测应该选择哪一个列来作为数据表征。但在实际工作中，特征的选择是通过各种数学算法模型来实现的，其中一种就是卡方选择，Spark 提供了对应的实现。具体的代码如下，其中参数 numTopFeatures 是指从数据集中选择几个特征来作为数据表征，outputCol 是指被选择的特征新的列名。

```python
from pyspark.ml.feature import ChiSqSelector
from pyspark.ml.linalg import Vectors
from pyspark.sql import SparkSession

spark = SparkSession.builder \
.master('local[1]') \
.appName('特征选择') \
.getOrCreate()
df = spark.createDataFrame([
(Vectors.dense([14.0, 3.0, 16.1, 1.0]), 1.0,),
(Vectors.dense([15.0, 3.0, 16.0, 0.1]), 0.0,),
(Vectors.dense([14.0, 4.0, 16.1, 0.12]), 0.0,)], ["features", "label"])
# 选择一个特征
selector = ChiSqSelector(numTopFeatures=1, featuresCol="features",
outputCol="selectedFeatures", labelCol="label")

result = selector.fit(df).transform(df)
print("输出基于卡方选择器选择的特征信息：")
```

```
result.show()
```

执行结果如图 6-25 所示。

输出基于卡方选择器选择的特征信息：

```
+--------------------+-----+----------------+
|            features|label|selectedFeatures|
+--------------------+-----+----------------+
| [14.0,3.0,16.1,1.0]|  1.0|           [1.0]|
| [15.0,3.0,16.0,0.1]|  0.0|           [0.1]|
|[14.0,4.0,16.1,0.12]|  0.0|          [0.12]|
+--------------------+-----+----------------+
```

图 6-25　特征选择

相关案例

图 6-26 所示为部分用户对于物品的评分数据。第一列是用户 ID，第二列是物品 ID，第三列是该用户对物品的评分。现要求根据这些数据来训练推荐模型，为 ID 为 28 的用户推荐 10 个物品。

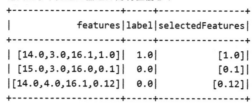

```
7   28,1,1
8   28,2,4
9   28,3,1
0   28,6,1
1   28,7,1
2   28,12,5
3   28,13,2
4   28,14,1
5   28,15,1
6   28,17,1
7   28,19,3
8   28,20,1
9   28,23,3
0   28,24,3
```

以下是实现本案例的具体流程。

1. 方案设计

根据要求，首先加载数据，并构造 Dataframe。在前面的描述中，训练模型涉及训练集、验证集、测试集。由于数据量较小，因此只需将整个数据集划分为训练集、测试集即可。

图 6-26　用户-物品　评分数据

Spark 的协同过滤是基于最小二乘法实现的，因此可以直接通过 ALS 直接创建模型。

模型创建完毕后开始训练模型。通过 RegressionEvaluator 对象可以查看模型在测试集上的性能表现。

在实践过程中，开发者可以对 ALS 提供的参数进行反复调整，反复训练。观察不同参数下的模型性能，以确认最佳参数，从而最终获得较优的推荐结果。

2. 编程实现

首先，读取随书源码目录下的 items.txt 文件，将该文件转为 RDD；然后调用 Spark 对象的 createDataFrame 函数，将 RDD 转为 Dataframe。

有了 Dataframe 之后，根据前面所述，需要构造训练集与测试集。因此，调用 randomSplit 函数对 Dataframe 进行划分。本案例中，训练集与测试集数据量比为 0.8:0.2。

接下来创建一个 ALS 算法模型，userCol 参数表示用户标识列，itemCol 表示物品标识列，ratingCol 表示用户对该物品的评价得分，coldStartStrategy 表示冷启动策略。冷启动是指在后期的预测过程中，遇到了在训练过程中没有碰到过的用户或者物品项。本实例中的"drop"表示预测过程中遇到这种数据直接删除，使得模型对已遇到过的数据保持始终有效。

　　创建了模型对象后，还需要传入数据以训练模型，Spark 使用 fit 函数训练模型，调用 transform 函数对测试集进行预测。

　　预测完毕后需要评估模型性能好坏，即评价推荐结果是否恰当。因此使用 RegressionEvaluator 创建评估对象，然后调用 evaluate 获取均方根误差。误差越小，表示推荐效果越好。

　　最后，在 ratings 上调用 where 函数，筛选出 ID 为 28 的用户；在模型上调用 recommendForUserSubset 方法，为其推荐 10 个物品。

　　至此，整个推荐过程结束。

```python
from pyspark.ml.evaluation import RegressionEvaluator
from pyspark.ml.recommendation import ALS
from pyspark.sql import Row, SparkSession

spark = SparkSession.builder \
.master('local[1]') \
.appName('协同过滤-物品推荐') \
.getOrCreate()

# 读取文本数据
lines = spark.read.text(r"items.txt").rdd
parts = lines.map(lambda row: row.value.split(","))
# 构造数据列名
ratingsRDD = parts.map(lambda p: Row(userId=int(p[0]),
itemId=int(p[1]),
rating=float(p[2])))
# 将数据对象转为 Datarame
ratings = spark.createDataFrame(ratingsRDD)

# 拆分数据集
(training, test) = ratings.randomSplit([0.8, 0.2])

# 构建模型并使用训练集进行训练
als = ALS(maxIter=4, regParam=0.01,
userCol="userId", itemCol="itemId", ratingCol="rating",
coldStartStrategy="drop")
model = als.fit(training)

# 计算均方根误差
predic_result = model.transform(test)
metrix = RegressionEvaluator(metricName="rmse", labelCol="rating",
predictionCol="prediction")
rmse = metrix.evaluate(predic_result)
```

```
print("均方根误差: " + str(rmse))

# 为 ID 为 28 的用户推荐 10 个物品
users = ratings.where("userId=28")
result = model.recommendForUserSubset(users, 10)
result.show()
```

执行结果如图 6-27 所示。

图 6-27　输出推荐结果

工作实施

按照制订的最佳实施方案进行项目开发，填充相应的工作流程内容。

评价反馈

各自完成学习情境的开发并展示作品，介绍任务的完成过程。作品展示前应准备阐述材料，并完成评价表 6-16、表 6-17、表 6-18。

1. 学生进行自我评价。

表 6-16　学生自评表

班级：		姓名：		学号：	
学习情境 6.3	使用 SparkMLib 构建推荐系统				
评价项目	评价标准			分值	得分
特征提取与转换	能根据模型的数据特点，对原始特征值进行提取与转换			10	
特征选择	能使用相关 API 选择关键特征			10	

班级：		姓名：		学号：	
模型构建与训练		能根据开发流程构建与训练模型		20	
方案制作		能快速、准确地制订工作方案		20	
项目开发能力		根据项目开发进度及应用状态评论开发能力		20	
工作质量		根据项目开发过程及成果评定工作质量		20	
合计				100	

2. 学生展示过程中，以个人为单位，对以上学习情境的结果进行互评。

表 6-17　学生互评表

学习情境 6.3		使用 SparkMLib 构建推荐系统									
评价项目	分值	等级							评价对象			
									1	2	3	4
计划合理	10	优	10	良	9	中	8	差	6				
方案准确	10	优	10	良	9	中	8	差	6				
工作质量	20	优	20	良	18	中	15	差	12				
工作效率	15	优	15	良	13	中	11	差	9				
工作完整	10	优	10	良	9	中	8	差	6				
工作规范	10	优	10	良	9	中	8	差	6				
识读报告	10	优	10	良	9	中	8	差	6				
成果展示	15	优	15	良	13	中	11	差	9				
合计	100												

3. 教师对学生的工作过程和工作结果进行评价。

表 6-18　教师综合评价表

班级：		姓名：		学号：	
学习情境 6.3		使用 SparkMLib 构建推荐系统			
评价项目		评价标准		分值	得分
考勤 (20%)		无无故迟到、早退、旷课现象		20	
工作过程 (50%)	特征处理	能根据模型要求处理数据特征		10	
	模型构建与训练	能根据业务需求构建与训练模型		15	
	方案制作	能快速、准确地制订工作方案		15	
	工作态度	态度端正，工作认真、主动		5	
	职业素质	能做到安全、文明、合法，爱护环境		5	
项目成果 (30%)	工作完整	能按时完成任务		5	
	工作质量	能按计划完成工作任务		15	
	识读报告	能正确识读并准备成果展示各项报告材料		5	
	成果展示	能准确表达、汇报工作成果		5	
合计				100	

拓展思考

1. 哪些场景下需要进行特征处理？
2. 不同推荐系统的推荐策略分别是什么？
3. 不同的冷启动策略对推荐结果有什么影响？
4. ALS 的内部分析原理是什么？

单元 7 使用深度学习技术构建人脸识别系统

深度学习是一门较为复杂的、多学科融合的综合性研究技术，是对机器学习技术的进一步探索与延展，其中代表性研究方向就是神经网络。

人脸识别是基于深度学习技术的一类应用，其使用场景非常广泛，比如刷脸支付、地铁刷脸过闸机、机场刷脸过安检、医院刷脸就医等。

相应地，产业界、学术界对人脸识别的研究也在不断加大投入。可以说，在人脸识别产业链条上，只要是与之相关的技术，现在都变得炙手可热。单元 7 教学导航如图 7-1 所示。

教学导航	知识重点	1. TensorFlow API 2. Keras API 3. OpenCV图像采集 4. 卷积神经网络
	知识难点	1. 图像采集与处理 2. 人脸识别流程
	推荐教学方式	先了解人脸识别的流程和卷积神经网络的基本原理，然后了解TensorFlow和Keras的API。重点应以实现操作流程为主
	建议学时	17学时
	推荐学习方法	先复制随书源码运行一遍看效果，然后归纳不同示例的共同点，总结编程思路
	必须掌握的理论知识	卷积神经网络原理与人脸识别开发流程
	必须掌握的技能	构建卷积神经网络和图像预测

图 7-1 教学导航

学习情境 7.1 使用 Keras 构建神经网络

教学导航

学习情境描述

1. 学习情境

实现人脸识别功能，常用的手段就是构建神经网络。构建神经网络有 PaddlePaddle、TensorFlow、Caffe、Torch、Keras 和 PyTorch 等框架。在工业界使用较多的框架是 TensorFlow。而在最新的 TensorFlow 版本中，谷歌推荐使用 Keras API，因为 Keras 在模型构建过程中，使用起来更为容易。因此，本学习情境将介绍如何使用 Keras 构建神经网络。

2. 关键知识点

（1）TensorFlow 编程。

（2）Keras 编程。

（3）神经网络。

3. 关键技能点

（1）神经网络原理。

（2）神经网络的设计方式。

（3）模型训练与预测。

学习目标

1. 掌握 TensorFlow 环境安装。

2. 了解 TensorFlow 与 Keras 的关系。

3. 掌握 Keras 构建神经网络的流程。

4. 掌握回归神经网络的构建流程。

5. 掌握自定义层。

6. 掌握神经网络模型的训练与应用。

任 务 书

1. 完成通过 Keras 构建神经网络。

2. 完成通过 Keras 自定义层结构。

3. 完成模型的构建、训练、预测。

获取信息

引导问题 1：深度学习。

1. 深度学习与机器学习的区别是什么？

_____

_____

_____

2. 神经网络是什么？

_____

_____

_____

3. 回归神经网络、卷积神经网络、长短期记忆网络之间的区别是什么？

_____

_____

_____

引导问题 2：TensorFlow。

1. TensorFlow 的基本原理是什么？

_____

_____

_____

2. 什么是张量？

_____

_____

_____

工作计划

1. 制订工作方案（见表 7-1）

表 7-1　工作方案

步骤	工作内容
1	
2	
3	
4	
5	
6	
7	
8	

2. 写出此工作方案中回归神经网络模型训练、预测的步骤

_____

_____

_____

3. 列出工具清单（见表 7-2）

表 7-2　工具清单

序号	名称	版本	备注

4. 列出技术清单（见表 7-3）

表 7-3　技术清单

序号	名称	版本	备注

进行决策

1. 根据引导、构思、计划等，各自阐述自己的设计方案。
2. 对其他人的设计方案提出自己不同的看法。
3. 教师结合大家完成的情况进行点评，并选出最佳方案。

_____

_____

_____

知识准备

"使用 Keras 构建神经网络"知识分布，如图 7-2 所示。

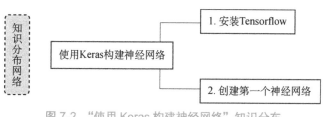

图 7-2　"使用 Keras 构建神经网络"知识分布

构建模型

1. 安装 TensorFlow

TensorFlow 是谷歌推出的深度学习框架，使用 TensorFlow 可以快速构建出高度自定义的神经网络。Keras 早期是独立发布的构建神经网络的高级 API。后来，谷歌将其整合到 TensorFlow 中，成为 TF2.X 版本推荐使用的 API。

TensorFlow 有两个版本：普通版与 GPU 版本。GPU 版本需要安装 CUDA 软件包，并且需要主机上配备有带 GPU 的显卡。

这里以安装普通版本为例，使用如下命令安装 TensorFlow：

```
pip install tensorflow
```

安装完毕后，在编辑器中输入如下代码验证安装结果，如果正确输出 TensorFlow 版本，则表示正常安装：

```
import tensorflow as tf
print(tf.__version__)
```

2. 创建第一个神经网络

在使用神经网络解决问题之前，需要对神经网络的结构进行设计。不同深度、不同宽度的神经网络最终表现出来的性能是不同的。

所谓深度，就是指神经网络层的层数；宽度，是指每一层神经元的个数。在实际开发过程中，神经网络太宽、太深都不利于得到最优模型。因此，神经网络模型的训练是一个带有经验因素，且需反复迭代的过程。

样例 7-1：使用 TensorFlow 的 Keras 模块来构建神经网络非常方便。具体代码如下，展示了如何构建一个具有 4 个层的神经网络：

```
import tensorflow as tf
from tensorflow import keras
from tensorflow.keras import layers


inputs = tf.keras.Input(shape=(784,), name='img')
h1 = layers.Dense(32, activation='relu')(inputs)
h2 = layers.Dense(32, activation='relu')(h1)
outputs = layers.Dense(10, activation='softmax')(h2)
model = tf.keras.Model(inputs=inputs, outputs=outputs, name='model')


model.summary()
keras.utils.plot_model(model, 'model.png')
keras.utils.plot_model(model, 'model_info.png', show_shapes=True)
```

在样例中，首先通过调用 tf.keras.Input 函数构建输入层，用于给神经网络传入待训练的数据。参数 shape 指的是输入数据的形状，name 是该节点的名称。

代码 "layers.Dense（10, activation='softmax'）（h2）" 表示继续添加一个全连接层，该层是神经网络的最后一层，一般称为输出层。输出层是整个模型经过训练之后，输出预测结果的层。

layers 是 Keras 用于构建网络层的模块。通过调用 layers.Dense 函数，可以构建一个全连接层。该函数的第一个参数是该层神经元的个数，第二个参数是 activation，表示该层的激活函数。整行代码 "layers.Dense（32, activation='relu'）（inputs）" 表示构建了一个全连接层。神经网络中，排除输入层与输出层，中间的层一般称为隐藏层。

代码 "layers.Dense（32, activation='relu'）（h1）" 表示继续往神经网络中添加一个全连接层。这一层输入的数据，就是上一层输出的数据。

执行该样例之前，还需要另外安装一个可视化工具，该工具用于将神经网络的结果保存到图片。安装命令如下：

```
pip install pydot-ng
pip install pydot
```

　　程序执行完毕后，可以看到程序根目录下产生了两张图，如图 7-3 和图 7-4 所示。该图展示了神经网络的层次结构及每层输入、输出数据的形状。

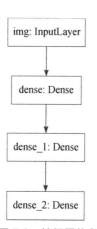

图 7-3　神经网络各层

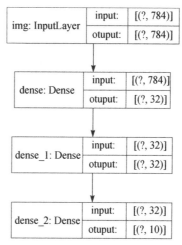

图 7-4　神经网络各层输入输出形状

　　另外在控制台中，还可以看到如图 7-5 所示的模型摘要信息，这里解释如下。

- Layer（type）：这一列表示神经网络层的类型。
- Output Shape：表示该层输出数据的形状。
- Param #：表示该层神经元权重的个数。
- img（InputLayer）：输入层，该层没有指定神经元个数，因此 Param 为 0。
- dense（Dense）：该层指定了 32 个神经元，由于输入层的维度是 784，因此这一层的参数个数为（784+1）×32=25120。
- dense_1（Dense）：该层也指定了 32 个神经元，但是上一层的输出形状是（None, 32），因此本层的输入数据维度就为 32，所以参数个数为（32+1）×32=1056。
- dense_2（Dense）：该层为输出层，有 10 个神经元，因此参数个数为（32+1）×10=330。

```
Model: "model"

Layer (type)                  Output Shape              Param #
=================================================================
img (InputLayer)              [(None, 784)]             0

dense (Dense)                 (None, 32)                25120

dense_1 (Dense)               (None, 32)                1056

dense_2 (Dense)               (None, 10)                330
=================================================================
Total params: 26,506
Trainable params: 26,506
Non-trainable params: 0
```

图 7-5　模型摘要信息

相关案例

图片识别

整体来说，使用机器学习框架、深度学习框架解决问题大体上都有两个步骤：一个是数据处理，二是模型构建。

数据处理部分，包含如下几个细节。

（1）收集并标注数据：是指把数据汇聚起来，并对数据进行正确的标注。标注，本质上是对数据进行分类。在开发环境中，这一步是最烦琐的，也是最重要的。因为数据的准确性，直接影响模型性能。

（2）探索数据：是指在宏观层面观察整个数据集，查看数据集的形状、具体有哪些标注。如果是数值数据，还需要分析其数据分布，了解是否存在异常值、空值等情况。总之，在将数据送入模型之前，需要对其进行全面、详细的了解。

（3）数据预处理：为了提高模型的性能，需要对数据进行标准化。标准化的方式有很多，SparkMLib 框架实现了最大最小、标准化器等。在本案例中将会看到的是直接对数据进行缩放，以降低各数据之间的差距。

模型构建部分，同样也有多个步骤，包括设置网络层、编译模型、训练模型等。

（1）设置网络层：是指设计神经网络的结构。这里需要考虑需要网络的层数、每一层神经元的个数、是否纳入 dropout 层、每一层选择什么样的激活函数。

（2）编译模型：是指给模型指定损失函数与优化器。神经网络训练时一般会经历多次迭代，在每一次的迭代训练过程中，会针对每一个特征值随机设置一个权重值，这个值就是 Param。模型会将这些权重值与特征值进行运算，得到一个"猜测"（注意，这里的"猜测"不是乱猜，而是通过计算概率来确定的）的结果，然后将这个结果与实际的值进行比较，得到一个误差值。损失函数的意义就在于，如何取得每一次迭代的整体误差；优化器则是如何将整体误差变得更小。

（3）训练模型：此时模型准备完毕，只需将数据传入模型进行训练即可。在训练过程中，需要不断观察误差的收敛情况。当训练到一定次数后，发现误差并不能随着训练的深入而明显降低时，这时需要停下来。如果能接受误差，则进行下一步，否则就需要判断是修改模型，还是调整原始数据，还是调整训练参数，以此不断优化模型性能。

（4）模型评价：此时，需要将测试集数据送入训练后的模型中，观察模型在测试集上的表现。如果在训练集上表现良好，而在测试集上表现较差，则存在过拟合的情况。

（5）模型预测：构建模型的最终目的是将训练后的模型用来预测新值，以解决以往判断新值需要人工参与的烦恼。模型预测就是 AI 应用的最终目的。

本案例将根据以上步骤，演示如何对图片进行分类预测。

在案例中，使用了 Fashion MNIST 数据集，该数据集包含 10 个类别的 70 000 个灰度图像，即黑白色图像。这些图像的分辨率为 28 像素×28 像素，每个图像展示了单件衣物，如图 7-6 所示。

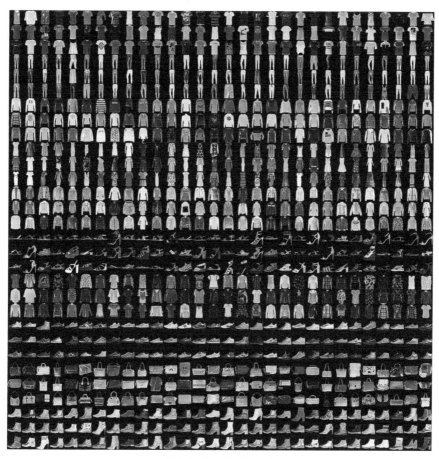

图 7-6 MNIST 数据集

该数据集可以通过如下代码直接下载:

```
from tensorflow import keras
fashion_mnist = keras.datasets.fashion_mnist
(train_images,    train_labels),    (test_images,    test_labels)    =
fashion_mnist.load_data()
```

其中第一行代码表示导入 Keras 模块;第二行表示创建一个 fashion_mnist 对象;第三行表示加载数据集。其中 load_data 函数用于检查本地是否存在该数据,否则会自动从互联网下载。同时,该函数返回了两对元组。其中(train_images, train_labels)表示训练集数据和对应的标注;(test_images, test_labels)表示测试集数据与测试集标注。

train_images、test_images 都是 28×28 的 NumPy 数组,因为是灰度图,所以每一个维度的值都介于 0~255 之间;train_labels、test_labels 表示每一组数据的标签,代表了一种服装的类别。服装类别用数字表示,由于只有 10 种,因此标签的值为 0~9。整合起来,含义就是每一个 NumPy 数组,都对应了一个标签,对应一种服装类型。

每种标签对应的服装类型如图 7-7 所示。

标签	类
0	T恤/上衣
1	裤子
2	套头衫
3	连衣裙
4	外套
5	凉鞋
6	衬衫
7	运动鞋
8	包
9	短靴

图 7-7　标签与类型对应关系

在程序中，创建一个分类对象，用来存储每个类型的名称。

```
class_names = ['T-shirt/top', 'Trouser', 'Pullover', 'Dress', 'Coat',
'Sandal', 'Shirt', 'Sneaker', 'Bag', 'Ankle boot']
```

接下来，需要进一步了解数据集情况。具体代码如下，获取数据集的形状。

```
print("训练集的形状: ",train_images.shape)
print("训练集标签的形状: ",train_labels.shape)
print("测试集的形状: ",test_images.shape)
print("测试集标签的形状: ",test_labels.shape)
```

执行结果如图 7-8 所示。其中，可以看到训练集有 60000 个数据，对应 60000 个标签；测试集有 10000 个数据，对应 10000 个标签。

训练集的形状：(60000, 28, 28)
训练集标签的形状：(60000,)
测试集的形状：(10000, 28, 28)
测试集标签的形状：(10000,)

图 7-8　数据集形状

在训练模型之前，需要对数据进行预处理。此时可以先使用 Matplotlib 观察一下样本数据的具体情况，这里从训练集中选择第 11 个样本。具体代码如下：

```
import numpy as np
import matplotlib.pyplot as plt
plt.figure()
plt.imshow(train_images[10])
plt.colorbar()
plt.grid(False)
plt.show()
```

执行结果如图 7-9 所示。

可以看到，像素值范围在 0～255 之间。因此将这些数据除以 255，以缩放到 0～1 之间。

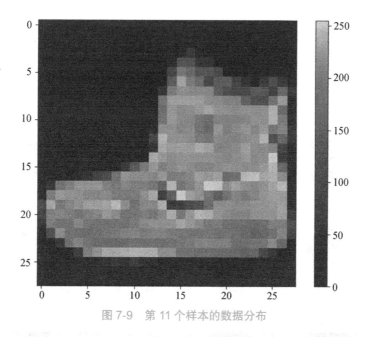

图 7-9　第 11 个样本的数据分布

```
train_images = train_images / 255.0
test_images = test_images / 255.0
```

在缩放之后挑选 16 个样本来观察图像状态，确保缩放操作对数据格式没有影响。

```
train_images = train_images / 255.0
test_images = test_images / 255.0
plt.figure(figsize=(10,10))
for i in range(16,32):
plt.subplot(4,4,i+1-16)
plt.xticks([])
plt.yticks([])
plt.grid(False)
plt.imshow(train_images[i], cmap=plt.cm.binary)
plt.xlabel(class_names[train_labels[i]])
plt.show()
```

执行结果如图 7-10 所示。

在数据清晰明了之后，就可以尝试构建模型了。

神经网络的基本结构是网络层，构建模型是指设计网络层数及每一层要输入的参数。这里使用 Keras 的 Sequential 函数构建一个堆叠模型。

Sequential 函数参数是一个数组，该数组是该模型的各层的结构。其中第一层调用 keras.layers.Flatten 函数，设定输入形状为 28×28，其含义是将 28×28 的二维数组转为 28×28=784 的一维数组。这一层只是简单转换数据格式，因此没有学习参数。调用模型的 summary 函数，可以看到对应的 Param 的值为 0。

图 7-10 缩放后的数据图片

第二层，调用 keras.layers.Dense 函数构造一个全连接层，其中有 128 个神经元，激活函数采用的是"Relu"。激活函数种类有很多，比如 Sigmoid、Tanh 等。早期在神经网络中使用 Sigmoid 函数的情况比较多，但是当下更多的推荐使用"Relu"。这是根据函数的性质决定的，限于篇幅，这里不再赘述。

第三层，调用 keras.layers.Dense 函数构建一个全连接层，但是该层只有 10 个神经元，每个神经元将输出预测结果的得分。哪一个值的得分较高，就认为这组数据属于对应的分类。

```
model = keras.Sequential([
keras.layers.Flatten(input_shape=(28, 28)),
keras.layers.Dense(128, activation='relu'),
keras.layers.Dense(10)
])
```

模型构建完毕需要编译。编译是指给其指定损失函数、优化器和指标，其含义简要说明如下。

● 损失函数：用于测量模型在训练期间的准确率。在模型训练过程中，会不断调整每个样本的权重，期望最小化此函数，以便将模型"引导"到正确的方向上。

● 优化器：决定模型如何根据其看到的数据和自身的损失函数进行更新。

● 指标：用于监控训练和测试步骤。

　　编译模型需要调用 compile 函数。该函数有多个参数，常用的有 optimizer、loss、metrics。这里介绍如下。

　　● optimizer：用于指定优化器。本案例中的优化器为 adam。优化器有很多，比如默认的优化器为 rmsprop，其余的还有 Nadam、SGD 等。

　　● loss：用于指定损失函数，除 SparseCategoricalCrossentropy 之外，还有 Binary Crossentropy、CategoricalCrossentropy、MeanSquaredError 等。

　　● metrics：用于输出模型训练过程中的准确率与误差。输出准确率使用参数 accuracy 或 acc；若是希望输出误差，则使用 mse。

```
import tensorflow as tf
model.compile(optimizer='adam',
loss=tf.keras.losses.SparseCategoricalCrossentropy(from_logits=True),
metrics=['accuracy'])
```

　　模型构建与编译过程实则是在做准备工作。准备工作完成后，就可以训练模型了。

　　执行如下代码，调用 fit 方法，传入训练集数据和对应的标签。epochs 表示基于当前数据，模型训练的次数。

```
model.fit(train_images, train_labels, epochs=10)
```

　　执行结果如图 7-11 所示。在控制台中，输出了每一轮训练得到的损失值与对应的准确率。可以看到，随着训练次数的递进，损失值在逐步减小，准确率在逐步增大，说明模型已经生效了。如果损失值和准确率都没有变化，或者变化非常小，那么建议调整模型网络层结构、神经元个数。甚至，需要回头检查数据的标注是否正确。因为标注有误的数据，会在训练过程中"误导"模型。

```
Epoch 1/10
1875/1875 [==============================] - 2s 1ms/step - loss: 0.4954 - accuracy: 0.8253
Epoch 2/10
1875/1875 [==============================] - 2s 978us/step - loss: 0.3733 - accuracy: 0.8650
Epoch 3/10
1875/1875 [==============================] - 2s 991us/step - loss: 0.3349 - accuracy: 0.8787
Epoch 4/10
1875/1875 [==============================] - 2s 1ms/step - loss: 0.3105 - accuracy: 0.8854
Epoch 5/10
1875/1875 [==============================] - 2s 1ms/step - loss: 0.2928 - accuracy: 0.8928
Epoch 6/10
1875/1875 [==============================] - 2s 1ms/step - loss: 0.2769 - accuracy: 0.8971
Epoch 7/10
1875/1875 [==============================] - 2s 1ms/step - loss: 0.2647 - accuracy: 0.9015
Epoch 8/10
1875/1875 [==============================] - 2s 975us/step - loss: 0.2532 - accuracy: 0.9066
Epoch 9/10
1875/1875 [==============================] - 2s 1ms/step - loss: 0.2448 - accuracy: 0.9095
Epoch 10/10
1875/1875 [==============================] - 2s 1ms/step - loss: 0.2378 - accuracy: 0.9106
```

图 7-11　训练过程的准确率

　　模型的性能如何还需要在测试集上进行评估。调用 evaluate 函数，传入测试集数据与标签，执行获得评估结果。参数 verbose 用于控制输出的内容，不必关注。

```
test_loss, test_acc = model.evaluate(test_images, test_labels, verbose=2)
```

```
print('\n测试集上的正确率:', test_acc)
```

执行结果如图 7-12 所示，可以看到在测试集上，正确率达到约 87.5%。对比在训练集上的性能，模型在测试集上的表现相对略低。这个差距表示过拟合。过拟合的含义是：机器学习模型在新的、以前未曾见过的数据集上的性能，不如在训练数据上的性能。过拟合的模型会"记住"训练数据集中的噪声和细节，从而对模型在新数据上的表现产生负面影响。过拟合有相应的解决方案，详情参考官方文档。

```
313/313 - 0s - loss: 0.3671 - accuracy: 0.8751
```

测试集上的正确率: 0.8751000165939331

图 7-12　测试集上的正确率

前已讲到，模型的最终目的是用来对新数据进行预测，具体代码如下。其中"tf.keras.Sequential"表示在模型上添加一层，该层使用 tf.keras.layers.Softmax 函数将预测的值转换为可以理解的概率值，然后调用模型的 predict 函数，执行预测过程。

```
probability_model = tf.keras.Sequential([model,
tf.keras.layers.Softmax()])
# 对测试集的预测结果
predictions = probability_model.predict(test_images)
print("输出对第 11 个测试集样本的预测结果: \n", predictions[10])
# 获取结果中的最大值
import numpy as np

print("输出预测的最大得分: ", np.argmax(predictions[0]))
```

执行结果如图 7-13 所示，可以看到 predictions[10]包含了 10 个值，这些值分别代表了该样本属于对应分类的概率。概率越大，表示属于该分类的可能性就越大。调用 np.argmax 函数，取得最大值的索引，这里为 4。参考图 7-7，可知 4 为外套。因此，模型预测结论就是：测试集的第 11 个样本是外套。

```
输出对第11个测试集样本的预测结果:
 [9.2419192e-05 6.1414386e-07 1.4079776e-01 4.4168607e-07 8.0889314e-01
 3.7811094e-07 5.0213940e-02 2.8653689e-08 5.2328210e-07 7.8824854e-07]
输出预测的最大得分: 4
```

图 7-13　模型预测结果

接下来验证预测的结果，对测试集中的第 11 个样本进行可视化。其中函数 plot_value_array 绘制了该条样本的图像。函数 plot_value_array 在对应的索引位置上绘制柱形图，蓝色柱越高，表示属于该分类的可能性越大。

```
def plot_image(i, predictions_array, true_label, img):
predictions_array, true_label, img = predictions_array, true_label[i],
```

```
img[i]
    plt.grid(False)
    plt.xticks([])
    plt.yticks([])

    plt.imshow(img, cmap=plt.cm.binary)

    predicted_label = np.argmax(predictions_array)
    if predicted_label == true_label:
    color = 'blue'
    else:
    color = 'red'

    plt.xlabel("{} {:2.0f}% ({})".format(class_names[predicted_label],
    100 * np.max(predictions_array),
    class_names[true_label]),
    color=color)


def plot_value_array(i, predictions_array, true_label):
predictions_array, true_label = predictions_array, true_label[i]
plt.grid(False)
plt.xticks(range(10))
plt.yticks([])
thisplot = plt.bar(range(10), predictions_array, color="#777777")
plt.ylim([0, 1])
predicted_label = np.argmax(predictions_array)
thisplot[predicted_label].set_color('red')
thisplot[true_label].set_color('blue')


i = 10
plt.figure(figsize=(6,3))
plt.subplot(1,2,1)
plot_image(i, predictions[i], test_labels, test_images)
plt.subplot(1,2,2)
plot_value_array(i, predictions[i],  test_labels)
plt.show()
```

执行结果如图 7-14 所示，展示了模型预测结果。

从验证结果来看，模型性能表现良好，预测比较准确。但是，从图中可以看到，模型将该样本预测为外套的概率为 81%。也就是说，仍有 19%的可能预测出错。

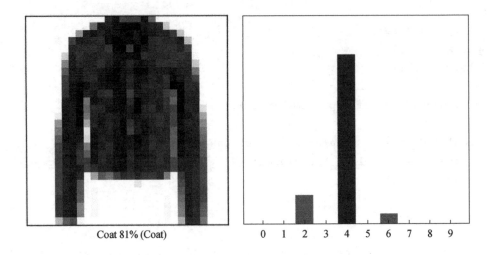

Coat 81% (Coat)   0 1 2 3 4 5 6 7 8 9

图 7-14　可视化模型预测结果

附：完整源码

```
# -*- coding: utf-8 -*-#
from tensorflow import keras

fashion_mnist = keras.datasets.fashion_mnist
(train_images,    train_labels),    (test_images,    test_labels)    =
fashion_mnist.load_data()

class_names = ['T-shirt/top', 'Trouser', 'Pullover', 'Dress', 'Coat',
'Sandal', 'Shirt', 'Sneaker', 'Bag', 'Ankle boot']
print("训练集的形状：", train_images.shape)
print("训练集标签的形状：", train_labels.shape)
print("测试集的形状：", test_images.shape)
print("测试集标签的形状：", test_labels.shape)
import matplotlib.pyplot as plt

plt.figure()
plt.imshow(train_images[0])
plt.colorbar()
plt.grid(False)
plt.show()

train_images = train_images / 255.0
test_images = test_images / 255.0
plt.figure(figsize=(10, 10))
for i in range(16, 32):
plt.subplot(4, 4, i + 1 - 16)
plt.xticks([])
```

```
plt.yticks([])
plt.grid(False)
plt.imshow(train_images[i], cmap=plt.cm.binary)
plt.xlabel(class_names[train_labels[i]])
plt.show()

model = keras.Sequential([
keras.layers.Flatten(input_shape=(28, 28)),
keras.layers.Dense(128, activation='relu'),
keras.layers.Dense(10)
])

import tensorflow as tf
tf.keras.losses
model.compile(optimizer='adam',
loss=tf.keras.losses.SparseCategoricalCrossentropy(from_logits=True),
metrics=['accuracy'])
model.fit(train_images, train_labels, epochs=10)

test_loss, test_acc = model.evaluate(test_images, test_labels, verbose=2)

print('\n测试集上的正确率:', test_acc)

probability_model = tf.keras.Sequential([model,
tf.keras.layers.Softmax()])
# 对测试集的预测结果
predictions = probability_model.predict(test_images)
print("输出对第 11 个测试集样本的预测结果: \n", predictions[10])
# 获取结果中的最大值
import numpy as np
print("输出预测的最大得分: ", np.argmax(predictions[10]))
def plot_image(i, predictions_array, true_label, img):
predictions_array, true_label, img = predictions_array, true_label[i],
img[i]
    plt.grid(False)
    plt.xticks([])
    plt.yticks([])
    plt.imshow(img, cmap=plt.cm.binary)
    predicted_label = np.argmax(predictions_array)
    if predicted_label == true_label:
color = 'blue'
    else:
color = 'red'
```

```
plt.xlabel("{} {:2.0f}% ({})".format(class_names[predicted_label],
100 * np.max(predictions_array),
class_names[true_label]),
color=color)

def plot_value_array(i, predictions_array, true_label):
predictions_array, true_label = predictions_array, true_label[i]
plt.grid(False)
plt.xticks(range(10))
plt.yticks([])
thisplot = plt.bar(range(10), predictions_array, color="#777777")
plt.ylim([0, 1])
predicted_label = np.argmax(predictions_array)

thisplot[predicted_label].set_color('red')
thisplot[true_label].set_color('blue')

i = 10
plt.figure(figsize=(6, 3))
plt.subplot(1, 2, 1)
plot_image(i, predictions[i], test_labels, test_images)
plt.subplot(1, 2, 2)
plot_value_array(i, predictions[i], test_labels)
plt.show()
```

工作实施

按照制订的最佳实施方案进行项目开发，填充相应的工作流程内容。

评价反馈

各自完成学习情境的开发并展示作品，介绍任务的完成过程。作品展示前应准备阐述材料，并完成评价表 7-4、表 7-5、表 7-6。

1. 学生进行自我评价。

表 7-4 学生自评表

班级：		姓名：		学号：	
学习情境 7.1		使用 Keras 构建神经网络			
评价项目		评价标准		分值	得分
安装环境		能正确安装相关组件		5	
分析网络结构		能设计神经网络层结构		10	
构建并训练模型		能根据技术点构建并训练模型		15	
方案制作		能快速、准确地制订工作方案		30	
项目开发能力		根据项目开发进度及应用状态评价开发能力		20	
工作质量		根据项目开发过程及成果评定工作质量		20	
合计				100	

2. 学生展示过程中，以个人为单位，对以上学习情境的结果进行互评。

表 7-5 学生互评表

学习情境 7.1		使用 Keras 构建神经网络									
评价项目	分值	等级						评价对象			
								1	2	3	4
计划合理	10	优	10	良	9	中	8	差	6		
方案准确	10	优	10	良	9	中	8	差	6		
工作质量	20	优	20	良	18	中	15	差	12		
工作效率	15	优	15	良	13	中	11	差	9		
工作完整	10	优	10	良	9	中	8	差	6		
工作规范	10	优	10	良	9	中	8	差	6		
识读报告	10	优	10	良	9	中	8	差	6		
成果展示	15	优	15	良	13	中	11	差	9		
合计	100										

3. 教师对学生的工作过程和工作结果进行评价。

表 7-6 教师综合评价表

班级：		姓名：		学号：	
学习情境 7.1		使用 Keras 构建神经网络			
评价项目		评价标准		分值	得分
考勤（20%）		无无故迟到、早退、旷课现象		20	
工作过程 （50%）	分析网络结构	能设计神经网络层结构		5	

（续表）

班级：		姓名：	学号：	
工作过程 （50%）	构建并训练模型	能根据技术点构建并训练模型	15	
	方案制作	能快速、准确地制订工作方案	20	
	工作态度	态度端正，工作认真、主动	5	
	职业素质	能做到安全、文明、合法，爱护环境	5	
项目 成果 (30%)	工作完整	能按时完成任务	5	
	工作质量	能按计划完成工作任务	15	
	识读报告	能正确识读并准备成果展示各项报告材料	5	
	成果展示	能准确表达、汇报工作成果	5	
合计			100	

拓展思考

1. 如何分析原始数据？
2. 为什么需要对数据进行预处理？
3. 如何构建堆叠网络？

学习情境 7.2　使用神经网络构建人脸识别系统

学习情境描述

1. 学习情境

在构建人脸识别系统的时候，需要先采集人脸图片，然后对图片进行预处理，比如转为矩阵、归一化；之后构建卷积神经网络，将预处理后的图片传入网络中，实现对网络的训练；训练完毕后将产生一个模型，将新采集的图片用模型进行预测，让模型判断图片对应的是谁的人脸，从而实现人脸识别。本学习情境的内容是：先使用 OpenCV 采集图像，然后预处理对象，最后训练模型，识别图像。

2. 关键知识点

（1）CNN 构建过程。

（2）OpenCV 人脸采集。

3. 关键技能点

（1）使用 OpenCV 采集人像。

（2）CNN 对图像进行运算。

学习目标

1. 安装 OpenCV 库。
2. 掌握如何构建 CNN 网络。
3. 掌握如何采集人像。
4. 掌握如何训练 CNN 网络模型。
5. 掌握人脸识别。

任 务 书

1. 完成人像的采集。
2. 完成 CNN 模型的构建、训练与预测。

获取信息

引导问题 1：图像采集的方式。

1. 如何采集图像？

_____

_____

2. 如何从图像中检测人脸？

_____

_____

3. 如何给人脸图像打标签？

_____

_____

引导问题 2：CNN 网络。

1. 什么是 CNN 网络？

_____

_____

2. CNN 网络与堆叠网络的区别是什么？

_____

_____

工作计划

1. 制订工作方案（见表 7-7）

表 7-7　工作方案

步骤	工作内容
1	
2	
3	
4	
5	
6	
7	
8	

2. 写出此工作方案中人脸识别的开发步骤

3. 列出工具清单（见表 7-8）

表 7-8　工具清单

序号	名称	版本	备注

4. 列出技术清单（见表 7-9）

表 7-9　技术清单

序号	名称	版本	备注

进行决策

1. 根据引导、构思、计划等，各自阐述自己的设计方案。
2. 对其他人的设计方案提出自己不同的看法。
3. 教师结合大家完成的情况进行点评，并选出最佳方案。

_____

_____

_____

知识准备

"使用神经网络构建人脸识别系统"知识分布，如图 7-15 所示。

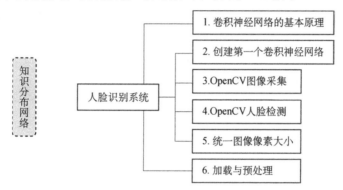

图 7-15 "使用神经网络构建人脸识别系统"知识分布

1. 卷积神经网络的基本原理

卷积神经网络（Convolutional Neural Network，CNN），是一类包含卷积计算且具有深度结构的前馈神经网络（Feedforward Neural Networks），是深度学习（Deep Learning）的代表算法之一。

CNN 特别适用于对图像和音频进行学习，有稳定的效果且对数据没有额外的特征工程，即无须对特征进行提取、转换与选择。整个神经网络自动完成对特征的处理，极大降低了图像识别的难度，与此同时，还获得了更高的识别准确度。

CNN 构建过程中会涉及卷积层、池化层，这里介绍如下。

● 卷积层：主要用来进行卷积计算操作。针对平面图像，调用 layers.Conv2D 构造卷积层；针对文本使用 layers.Conv1D 构造卷积层；针对音视频，使用 layers.Conv3D 构造卷积层。在本节，主要使用 layers.Conv2D 函数。该函数的第一个参数 filters 表示卷积过滤器的数量，也就是这一层的神经元数量，同时也是该层输出结果的数量；参数 kernel_size 表示卷积核的大小，例如（3, 3），表示卷积核为 3×3 的一个矩阵；参数 activation 表示传入激活函数；参数 input_shape，用来指定输入数据的形状。

● 池化层：主要目的是用来对卷积层输出结果进行采样，目的是防止过拟合。池化有平均池化与最大池化两种方式。调用 layers.MaxPooling2D 函数即可给神经网络加入池化层。

在卷积计算过程中，有必要了解卷积层和池化层的计算过程。

（1）卷积层的主要计算过程

图 7-16 展示了卷积计算过程。其中 input 表示输入的数据，形状为 5×5，中间小方块，是一个 3×3 的矩阵，这个矩阵称为卷积核。每次计算的时候，卷积核会投影到输入矩阵上，从输入矩阵上选择一个大小相同的区域开始做矩阵乘法运算。注意，卷积核投影到输入矩阵上，是从输入矩阵的左上角第一个位置开始的，然后从左往右，每次滑动一个像素点或 N 个像素点。这个滑动的长度称为步长，对应 Conv2D 函数中的 strides 参数。有时候，步长过大，会导致卷积核投影超出输入矩阵的边界，此时，超出的部分就有两种选择：一种是采用 Valid 方法，超出部分被直接丢弃，不参与计算；另一种是采用 Same 方法，超出部分用 0 补齐。该设置通过 Conv2D 函数的 padding 参数进行调节，该参数默认值为 Valid。

每一次投影部分与卷积核计算之后得到一个结果，它被输出到下一层。当卷积核将整个输入矩阵遍历完后，就会形成一个新的层，对应图 7-16 中的 output。

卷积的过程实际就是通过卷积核与输入矩阵进行运算，把一个较大的输入矩阵转换成一个较小的矩阵。这个矩阵中的每一个卷积结果，就是输入层上对应位置的特征。

对于图像、音视频数据，采用传统的特征提取方式非常不方便，甚至某些情况下几乎不可能办到，但是使用 CNN 网络却能很好地完成。

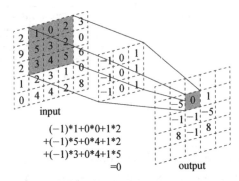

图 7-16　卷积计算过程

（2）池化层的主要计算过程

卷积层后面一般会跟着一个池化层。卷积计算本质上是寻找图像的特征，但是有的特征太弱，导致不能根据这个特征明确识别出目标对象。比如，猫狗识别，通过毛的颜色是无法区分这两种动物的。此时池化层的作用就体现出来了。比如利用最大池化方式，它可以从卷积结果中选出当次计算的最大值。这个值就是目标对象的强特征，通过这些较强的特征，就可以准确识别出某种动物。

最大池化计算过程如图 7-17 所示。

左边是一个 4×4 的输入矩阵，池化层的过滤器大小是 2×2，步长是 2。与卷积层的运算过程类似，过滤器（就是卷积核）投影到输入矩阵进行运算，第一次计算得到的结果是 6，取（1,1,5,6）中的最大值；第二次计算是 8，取（2,4,7,8）中的最大值。自上而下，从左至右，依次计算，得到池化层的输出结果（6,8,3,4）。

通过池化层的计算，除了可以寻找合适的特征值外，同时还缩小了卷积层的输出矩阵，极大地减小了整个网络的运算量，还避免了过拟合。

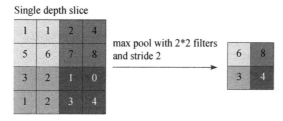

图 7-17　池化过程

2. 创建第一个卷积神经网络

了解了 CNN 的基本原理之后，就可以着手使用 Keras 相关的 API 来构建模型了。

同样地，在进行数据分析之前，需要了解数据的构造。

样例 7-2：采用官方提供的 cifar10 数据集。cifar10 数据集包含 10 个分类，共 60000 张彩色图片，每类图片有 6000 张。其中 50000 张图片用于训练集，10000 张用于测试集。

执行以下代码，调用 datasets.cifar10.load_data 函数加载数据集，观察数据的形状。

```
from tensorflow.keras import datasets, layers, models

(train_images,    train_labels),    (test_images,    test_labels)    =
datasets.cifar10.load_data()
print("训练集形状: ",train_images.shape)
print("测试集形状: ",test_images.shape)
```

执行结果如图 7-18 所示，其中（N,32,32,3）的含义是：N 是数据集中样本的个数；第 1 个 32 是指图像的高度；第 2 个 32 是图像的宽度；3 表示通道数。因为是彩色图片，因此通道数是 3。

训练集形状：(50000, 32, 32, 3)
测试集形状：(10000, 32, 32, 3)

图 7-18　数据形状

在将数据送入模型前，需要进行预处理，具体代码如下。

```
train_images, test_images = train_images / 255.0, test_images / 255.0
```

接下来开始构建模型，并输出摘要。如以下代码，前 6 行用于构建网络的结构，其中构造了 3 个全连接的卷积层，两个最大池化层。由于模型最终需要对图像进行分类，因此需要将数据转为一维张量。所以在第 7 行，调用了 Flatten()函数。最后第 9 行，因样本只有 10 个类别，所以在最后加入一个包含 10 个神经元的全连接层来获取最终输出分类。

```
model = models.Sequential(name="CNN 模型")
model.add(layers.Conv2D(32, (3, 3), activation='relu', input_shape=(32, 32,
3)))
model.add(layers.MaxPooling2D((2, 2)))
model.add(layers.Conv2D(64, (3, 3), activation='relu'))
```

```
model.add(layers.MaxPooling2D((2, 2)))
model.add(layers.Conv2D(64, (3, 3), activation='relu'))
model.add(layers.Flatten())
model.add(layers.Dense(64, activation='relu'))
model.add(layers.Dense(10))
model.summary()
```

执行结果如图 7-19 所示。这里需要注意，CNN 模型与堆叠模型的参数计算方式是不一样的，这里说明如下。

- conv2d（Conv2D）：输出形状是（None, 30, 30, 32），其中输出通道数是 32。每一个卷积层输出形状中的通道数就是该层的卷积核个数；参数个数是 896。在 CNN 模型中，参数的计算方式为：（输入数据的通道数×卷积核宽×卷积核高+1）×卷积核数。在本样例中为：（3（彩色图像是 3 通道）×3×3+1）×32=896。

- max_pooling2d（MaxPooling2D）：输出形状是（None, 15, 15, 32），池化层没有参数。

- conv2d_1（Conv2D）：这一层的输出通道数是 64，输出参数个数：（32（上一层输出的通道数）×3×3+1）×64=18496。

- flatten（Flatten）：这一层将三维的输入数据转为一维，因此输出通道数为：4×4×64=1024。

- dense_1（Dense）：用于最终对 10 个类别进行分类预测。

```
Model: "CNN"

Layer (type)                    Output Shape              Param #
=================================================================
conv2d (Conv2D)                 (None, 30, 30, 32)        896

max_pooling2d (MaxPooling2D)    (None, 15, 15, 32)        0

conv2d_1 (Conv2D)               (None, 13, 13, 64)        18496

max_pooling2d_1 (MaxPooling2     (None, 6, 6, 64)         0

conv2d_2 (Conv2D)               (None, 4, 4, 64)          36928

flatten (Flatten)               (None, 1024)              0

dense (Dense)                   (None, 64)                65600

dense_1 (Dense)                 (None, 10)                650
=================================================================
Total params: 122,570
Trainable params: 122,570
Non-trainable params: 0
```

图 7-19　CNN 模型摘要

最后，编译并训练模型。其中 fit 函数，用于返回训练过程中历史数据的变化。可以通过 Matplotlib 进行可视化展示，更为直观地查看训练迭代次数与准确率的关系。

```python
import tensorflow as tf
import matplotlib.pyplot as plt

plt.rcParams["font.sans-serif"] = ["SimHei"]
plt.rcParams["axes.unicode_minus"] = False
model.compile(optimizer='adam',
loss=tf.keras.losses.SparseCategoricalCrossentropy(from_logits=True),
metrics=['accuracy'])
history = model.fit(train_images, train_labels, epochs=10,
validation_data=(test_images, test_labels))

test_loss, test_acc = model.evaluate(test_images, test_labels, verbose=2)
plt.plot(history.history['accuracy'], label='训练集准确率')
plt.plot(history.history['loss'], label='训练集损失值')
plt.plot(history.history['val_accuracy'], label='测试集准确率')
plt.plot(history.history['val_loss'], label='测试集损失值')
plt.xlabel('迭代次数')
plt.ylabel('准确率')
plt.ylim([0.5, 1])
plt.legend(loc='lower right')
plt.show()
```

执行结果如图 7-20 所示，可以看到，随着迭代次数的增加，模型的准确率在逐步上升。

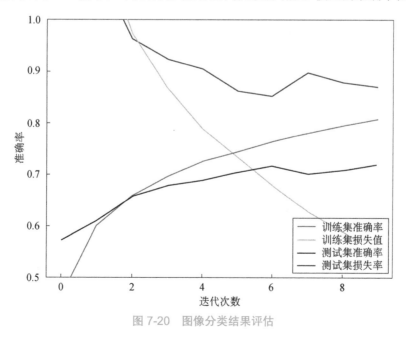

图 7-20   图像分类结果评估

另外，还可以从控制台看到模型每次迭代输出的具体的损失值与准确率，如图 7-21 所示。

```
Epoch 7/10
1563/1563 [==============================] - 31s 20ms/step - loss: 0.6779 - accuracy: 0.7634 - val_loss: 0.8511 - val_accuracy: 0.7156
Epoch 8/10
1563/1563 [==============================] - 30s 19ms/step - loss: 0.6280 - accuracy: 0.7792 - val_loss: 0.8970 - val_accuracy: 0.7002
Epoch 9/10
1563/1563 [==============================] - 31s 20ms/step - loss: 0.5881 - accuracy: 0.7936 - val_loss: 0.8770 - val_accuracy: 0.7078
Epoch 10/10
1563/1563 [==============================] - 31s 20ms/step - loss: 0.5501 - accuracy: 0.8063 - val_loss: 0.8685 - val_accuracy: 0.7186
313/313 - 2s - loss: 0.8685 - accuracy: 0.7186
```

图 7-21　准确率

说明：学习情境 7.1 中的案例与本样例可以参考官方示例整理，更多编程信息请参考官网，具体网址如下：

https://tensorflow.google.cn/

3. OpenCV 图像采集

OpenCV 是图像采集的主要工具之一。安装 OpenCV Python 库的命令如下：

```
pip install opencv-python
```

另外，本样例使用了 pathlib 库，安装命令如下：

```
pip install pathlib
```

样例 7-3：以下代码演示了如何采集图像。其中 count=1000 表示要采集 1000 张图像，注意，这些图像里面尽量要包含完整的头像；name="laoli"表示这 1000 张图像都属于"laoli"，name 是存放图像的目录，也是这些图像的标注，采集不同的人像，需要修改成对应的名称；VideoCapture(0)表示捕获第 0 个摄像头的数据，因此，运行程序前需确保计算机已连接摄像头（如果需要采集多个人的头像，这里需要分别修改成对应人的名称，以作区分）；imwrite 函数表示存储图像到指定目录；imshow 函数表示在弹出的窗口中显示抓取到的摄像头图像。

```python
from pathlib import Path
import cv2

count = 1000
name = "laoli"

def capture():
cap = cv2.VideoCapture(0)

while cap.isOpened() and count > 0:
# 读取视频数据
ret, frame = cap.read()
if not ret:
print("未获取到摄像头")
break

# 保存图像
dir="D:\\pic\\{}".format(name)
```

```
path=Path(dir)
if not path.exists():
path.mkdir()
cv2.imwrite("D:\\pic\\{}\\{}.png".format(name, count), frame)
count -= 1
# 显示图像
cv2.imshow("capture", frame)
key = cv2.waitKey(10)
if key == 27:
break

# 释放摄像头并销毁所有窗口
cap.release()
cv2.destroyAllWindows()


if __name__ == '__main__':
capture()
```

执行结果如图 7-22 所示，正常情况下应该在目录"D:\pic\laoli"下获得 1000 张图像。

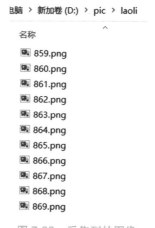

图 7-22　采集到的图像

4. OpenCV 人脸检测

当把图像采集下来后，打开一幅图像，可以看到图像中除了人脸还有很多其他物体的背景，这些对于人脸信息来说都属于噪声。一幅高质量的图像，应只包含人脸。因此，需要将噪声去掉，否则将会影响模型训练效果。

样例 7-4：以下代码演示了如何使用 OpenCV 检测人脸，并对图像进行裁剪。其中 cv2.CascadeClassifier 函数用于指定 OpenCV 人脸检测分类器的文件路径；imread 函数用于读取采集到的图像；cvtColor 函数用于转换颜色空间，这里将图像转为灰度图，以降低通道数，减少后期模型执行过程中的计算量；detectMultiScale 用于检测图像中的人脸；grey[y −18: y + h + 3, x - 18: x + w + 3]表示从图像中划分一个区域框出人脸的位置，并得到新的图像；imwrite 函数用于将框出的图像进行保存。

在实践过程中，需要灵活调整人脸的区域，避免只框出人脸的部分图像。

```python
# -*- coding: utf-8 -*-#
import os
from pathlib import Path

import cv2
import matplotlib.pyplot as plt

dir = "D:\\pic\\laoli"
dir_bak = "D:\\pic\\laolibak"

def detect_face():
files = os.listdir(dir)
if len(files) > 0:
path = Path(dir_bak)
if not path.exists():
path.mkdir()

# 人脸检测分类器
classfier = cv2.CascadeClassifier(
"D:\ProgramData\Python38\envs\myspider\Lib\site-packages\cv2\data\haarca
scade_frontalface_alt2.xml")
    for file in files:
path = "{}\\{}".format(dir, file)
    # 读取文件
img = cv2.imread(path)
    # 将采集到的图像转为灰度图像
grey = cv2.cvtColor(img, cv2.COLOR_BGR2GRAY)
    # 在灰度图上检测人脸
faces = classfier.detectMultiScale(grey, scaleFactor=1.2, minNeighbors=3,
minSize=(32, 32))
    # 如果检测到有人脸，则大于 0
if len(faces) > 0:
    # 因为 faces 中可能检测到多张人脸，这里采用循环
for face in faces:
    # 人脸的坐标
x, y, w, h = face
    # 在灰度图上框出人脸
image = grey[y - 18: y + h + 3, x - 18: x + w + 3]
    # 保存新的图像
new_path = "{}\\{}".format(dir_bak, file)
cv2.imwrite(new_path, image)
```

```
if __name__ == "__main__":
detect_face()
print("执行完毕")
```

执行结果如图 7-23 所示，得到新的只包含人脸的图像。

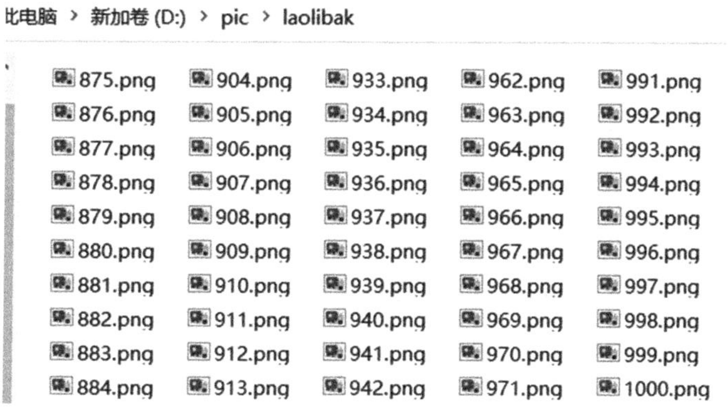

比电脑 › 新加卷 (D:) › pic › laolibak

875.png	904.png	933.png	962.png	991.png
876.png	905.png	934.png	963.png	992.png
877.png	906.png	935.png	964.png	993.png
878.png	907.png	936.png	965.png	994.png
879.png	908.png	937.png	966.png	995.png
880.png	909.png	938.png	967.png	996.png
881.png	910.png	939.png	968.png	997.png
882.png	911.png	940.png	969.png	998.png
883.png	912.png	941.png	970.png	999.png
884.png	913.png	942.png	971.png	1000.png

图 7-23　新的图像

5. 统一图像像素大小

样例 7-5：裁剪出的人脸图像，图片像素有的大，有的小。按之前的样例，需要对其进行预处理，即将所有图片转为同一像素大小和同一颜色空间，具体代码如下：

```
# -*- coding: utf-8 -*-#
import os
from pathlib import Path

import cv2

# 图片最终要设置的大小；值可以任意设置
HEIGHT = 64
WIDTH = 64
class_name = ["laolibak","laowangbak","laohuangbak","new_pic"]


def change_size(img):
# 将图片长宽转换为统一大小
# 初始化 4 个变量为 0，用来表示计算过程中的偏差；
# 用来计算图片上下左右应分别减少或增加多少个像素；
margin_top = 0
margin_bottom = 0
margin_left = 0
margin_right = 0
# 获取图像本身的大小:高    宽    通道
img_height, img_width, img_channel = img.shape
# 长宽比较获取较大的值
```

```
longer = max(img_height, img_width)
# 如果宽小于高
# 说明：宽 5  高 10 图像需要拉成一样大小，那么补偿的范围：
# difference=10-5=5  margin_left=5//2=2  margin_right=5-margin_left=5-2=3
# 所以图片左边补充 2，右边补充 3，结果为 10   与 高相等
if img_width < longer:
difference = longer - img_width
margin_left = difference // 2
margin_right = difference - margin_left
elif img_height < longer:
difference = longer - img_height
margin_top = difference // 2
margin_bottom = difference - margin_top
# 设置要补充的颜色；注意 img_channel =3，这里需要使用 3 个元素的数组
# 使用黑色填充
black = [0, 0, 0]
tmp = cv2.copyMakeBorder(img, margin_top, margin_bottom, margin_left,
margin_right,
    cv2.BORDER_CONSTANT, value=black)
# 转为灰度图像，将通道数降为 1
new_img = cv2.cvtColor(tmp, cv2.COLOR_BGR2GRAY)
return cv2.resize(new_img, (HEIGHT, WIDTH))


def get_img_and_label(path):
imgs = []
labels = []
# 读取图片

p = Path(path)
files = p.glob("*.png")
for file in files:
file_path = str(file.absolute())
# 读取图片
img = cv2.imread(file_path)
# 将图片转换为指定像素大小
new_img = change_size(img)
imgs.append(new_img)
# 设置标注:目录名称就是标注,将名称转为索引
labels.append(class_name.index(file.parent.name))


return imgs, labels
```

```
if __name__ == "__main__":
path = r"D:\pic\laolibak"
get_img_and_label(path)
```

6. 加载与预处理

样例 7-6：在训练模型前，需要对数据进行形状调整与数值标注化处理，具体代码如下：

```
# -*- coding: utf-8 -*-#
from sklearn.model_selection import train_test_split

from facedistinguish.example_8_5 import get_img_and_label, HEIGHT, WIDTH
import numpy as np

path=r"D:\pic\laolibak"
def load_data():
images, labels = get_img_and_label(path)
# 将列表转为 np 数组
images = np.array(images)
# 拆分训练集与测试集
train_images, test_images, train_labels, test_labels =
train_test_split(images, labels, test_size=0.3,
    random_state=40)
# 修改数据集的形状，使其符合模型训练要求
train_images = train_images.reshape(train_images.shape[0], HEIGHT, WIDTH, 1)
train_labels = np.reshape(train_labels, (len(train_labels), 1))
test_images = test_images.reshape(test_images.shape[0], HEIGHT, WIDTH, 1)
test_labels = np.reshape(test_labels, (len(test_labels), 1))
# 修改数据的类型，进行标注化处理
train_images = train_images.astype("float32")
test_images = test_images.astype("float32")
train_images = train_images / 255
test_images = test_images / 255
return (train_images, test_images), (train_labels, test_labels)

if __name__ == "__main__":
(train_images, test_images), (train_labels, test_labels) = load_data()
print("训练集形状：",train_images.shape)
print("测试集形状：", test_images.shape)
```

执行结果如图 7-24 所示，可以看到，此时训练集和测试集的结构与之前讲解的样例中的结构一致了。

训练集形状：(88, 64, 64, 1)
测试集形状：(38, 64, 64, 1)

图 7-24　数据预处理后的形状

相关案例

按照本学习情境介绍的知识点,接下来展示人脸识别的具体过程。

人脸识别不仅仅是将人脸从图像中裁剪出来,而是利用模型去识别某个图像,判断这个图像是否对应到某个"人"。

在数据集中,这个"人"实际对应的就是一个标签。人脸识别过程就是让模型判断某张图像是否属于某个标签的过程。本案例,将基于框出的人脸图像进行训练,并对新的人脸图像进行预测,判断新图像代表的人是否与标注符合。

完成本案例,需要分如下两步。

步骤一:构建并训练模型,具体代码如下。其中 layers.Dense(3)表示,最终输出 3 个分类及对应的概率值。

```python
# -*- coding: utf-8 -*-#
import tensorflow as tf
from tensorflow.keras import layers, models

from facedistinguish.example_8_6 import load_data

model = models.Sequential(name="FaceDistinguishModel")
# 构建模型的层
model.add(layers.Conv2D(32, (3, 3), padding="same", activation="relu",
input_shape=(64, 64, 1)))
model.add(layers.MaxPooling2D((2, 2)))
model.add(layers.Conv2D(128, (3, 3), activation='relu', padding="same",
input_shape=(32, 32, 3)))
model.add(layers.Conv2D(128, (3, 3), activation='relu', input_shape=(32,
32, 3)))
model.add(layers.MaxPooling2D((2, 2)))
model.add(layers.Conv2D(64, (3, 3), activation='relu', input_shape=(32, 32,
3)))
model.add(layers.Flatten())
model.add(layers.Dense(64, activation='relu'))
model.add(layers.Dense(3))

# 编译模型
model.compile(optimizer='adam',
loss=tf.keras.losses.SparseCategoricalCrossentropy(from_logits=True),
metrics=['accuracy'])

# 训练模型
(train_images, test_images), (train_labels, test_labels) = load_data()
model.fit(train_images, train_labels, epochs=10)
```

```
# 评估模型
test_loss, test_acc = model.evaluate(test_images, test_labels, verbose=2)
```

步骤二：使用模型进行预测，具体代码如下。其中 path 为新采集的图像存储位置，该目录下只放一张图片，目的是读取这张图片，然后用模型来预测属于哪一个分类。

```
import numpy as np
# 模型预测
def get_target_img():
path = r"D:\pic\new_pic"
imgs, labels = get_img_and_label(path)
image = np.array(imgs)
image = image.reshape(1, 64, 64, 1)

# 浮点并归一化
image = image.astype('float32')
image /= 255

return image

image = get_target_img()
# 给出输入属于各个类别的概率
result = model.predict(image)
print("预测结果：", result[0])
```

执行结果如图 7-25 所示，注意不同的计算机算出来的值可能不一样。

预测结果： [0.66164714]

图 7-25   输出预测结果概率

由图 7-25 可知：此模型的预测效果一般。在实践中，可以通过调整网络层数、添加 dropout 层、添加神经元个数、数据混淆、数据增强等方式来提高模型性能。

工作实施

按照制订的最佳实施方案进行项目开发，填充相应的工作流程内容。

评价反馈

各自完成学习情境的开发并展示作品，介绍任务的完成过程。作品展示前应准备阐述材料，并完成评价表 7-10、表 7-11、表 7-12。

1. 学生进行自我评价。

表 7-10　学生自评表

班级：		姓名：		学号：	
学习情境 7.2		使用神经网络构建人脸识别系统			
评价项目		评价标准		分值	得分
CNN 网络原理		了解 CNN 网络的原理		10	
CNN 模型		掌握 CNN 模型的构建、训练与预测		10	
图像采集		掌握图像采集、人脸检测、人脸标注		10	
方案制作		能快速、准确地制订工作方案		30	
项目开发能力		根据项目开发进度及应用状态评价开发能力		20	
工作质量		根据项目开发过程及成果评定工作质量		20	
合计				100	

2. 学生展示过程中，以个人为单位，对以上学习情境的结果进行互评。

表 7-11　学生互评表

学习情境 7.2		使用神经网络构建人脸识别系统										
评价项目	分值	等级							评价对象			
									1	2	3	4
计划合理	10	优	10	良	9	中	8	差	6			
方案准确	10	优	10	良	9	中	8	差	6			
工作质量	20	优	20	良	18	中	15	差	12			
工作效率	15	优	15	良	13	中	11	差	9			
工作完整	10	优	10	良	9	中	8	差	6			
工作规范	10	优	10	良	9	中	8	差	6			
识读报告	10	优	10	良	9	中	8	差	6			
成果展示	15	优	15	良	13	中	11	差	9			
合计	100											

3. 教师对学生的工作过程和工作结果进行评价。

表 7-12　教师综合评价表

班级：		姓名：		学号：	
学习情境 7.2		使用神经网络构建人脸识别系统			
评价项目		评价标准		分值	得分
考勤（20%）		无无故迟到、早退、旷课现象		20	
工作过程 （50%）	图像采集	能实现图像采集、人脸检测、人脸标注		5	
	CNN 模型	能实现 CNN 模型的构建、训练与预测		15	
	方案制作	能快速、准确地制订工作方案		20	
	工作态度	态度端正，工作认真、主动		5	
	职业素质	能做到安全、文明、合法，爱护环境		5	
项目成果 （30%）	工作完整	能按时完成任务		5	
	工作质量	能按计划完成工作任务		15	
	识读报告	能正确识读并准备成果展示各项报告材料		5	
	成果展示	能准确表达、汇报工作成果		5	
合计				100	

拓展思考

1. 为什么需要做人脸检测？
2. 为什么需要对图像进行灰度处理？
3. 可以通过哪些方式来提升模型性能？